中国热带农业科学院组织机构简史

崔鹏伟　主编

中国农业出版社
北　京

《中国热带农业科学院组织机构简史》

编委会

主　　编　崔鹏伟

副 主 编　龚康达　朱安红

参编人员　黄得林　谢惠如　刘　倩
　　　　　黄慧雯　周楷博　那　晴

序

中国热带农业科学院（简称中国热科院）隶属于农业农村部，是我国唯一从事热带农业科学研究的国家级综合性科研机构。20世纪50年代初，党中央作出建立华南橡胶基地的战略决策，中国热带农业科学院应国家战略而生。60多年来，中国热带农业科学院始终牢记周恩来总理“儋州立业 宝岛生根”的嘱托，为国家使命而战，立足中国热区、面向世界热区，担负起带动热带农业科技创新的“火车头”、促进热带农业科技成果转化应用的“排头兵”、培养优秀热带农业科技人才的“孵化器”和支撑热带农业走出去的“主力军”的职责使命，为服务热区农业农村发展、国家战略物资安全有效供给和国家科技外交作出了重要贡献。

1950年朝鲜战争爆发，同年10月我国人民志愿军出兵参加抗美援朝。以美国为首的西方国家帝国主义阵营下令封锁我国港口，禁止别国把天然橡胶出口到我国，妄图以断绝这种战略物资的供应，使我国在战争中失利。在这种严峻形势下，中央于1951年8月31日在第100次政务院会议上，作出了《关于扩大培植橡胶树的决定》，对在华南种植橡胶树作出了重要部署；同年11月在广州成立了华南垦殖局，时任广东省人民政府主席、广州市市长叶剑英同志兼任华南垦殖局局长。1954年3月在广州成立华南热带林业科学研究所，1958年迁至海南儋县，并创办华南热带作物学院。1965年研究所更命为华南热带作物科学研究院，1994年更名为中国热带农业科学院。

60多年来，周恩来、朱德、邓小平、叶剑英、董必武、王震等老一辈革命家和习近平、江泽民、胡锦涛等70多位中央领导及200多位部省级领导亲临中国热带农业科学院指导工作，为热作科技事业发展倾注了殷切期望与关怀。

近年来，党中央高度重视热带农业发展。2010年4月，习近平同志到中国热带农业科学院视察时强调，“要将热带农业融入大农业格局中，不断推进热带农业的现代化”，这一重要指示为中国热带农业科学院的发展坚定了信心。中央1号文件多次提到要大力发展热作农业或对发展相关具体热作产业进行了系统部署，为中国热带农业科学院的发展指明了方向。

中国热带农业科学院在热带地区不断拓展创新布局，在海口、儋州、三亚、湛江、广州等地建立了5个院区，在云南普洱、广西崇左、四川攀枝花建立了3个研究院，建立了国家重要热带作物工程技术研究中心、海南儋州国家农业科技园区、国家热带植物种质资源库、农业部综合性重点实验室等部省级以上科技平台80多个和博士后科研工作站4个。积极服务国家“一带一路”建设，与37个国家和地区建立了长期稳定的合作关系，建成8个不同类型的热带农业科技国际联合实验室或研究中心，以及15个境外农业试验站。被联合国粮农组织认定为“FAO热带农业研究培训参考中心”，承担中国援刚果（布）农业技术示范中心项目。赴20多个国家开展热带农业技术援助，构建了热带农业走出去信息共享平台，基本形成热带农业科技国际合作网络，为世界热带农业科技发展作出了重要贡献。

进入新时代，中国热带农业科学院贯彻习近平总书记关于“打造国家热带农业科学中心”的重要战略部署，以“四个面向”指明科技创新方向，瞄准创建世界一流的热带农业科技创新中心的目标，加快打造热带农业科技创新基地、热带农业科技成果转化应用基地、热带农业高层次人才培养基地、热带农业国际合作与交流基地和热带农业试验示范基地（简称“一个中心、五个基地”）。立足54万平方公里的中国热带地区，按照乡村振兴战略总要求，以全面推进热带农业科技创新为主线，建设区域创新中心，强化协同协作，持续提高热带农业科技区域贡献率；面向5 360万平方公里的世界热带地区，按照“一带一路”建设总布局，坚持“走出去”和“引进来”并重，搭建国际合作平台，强化支撑引领，不断提升热带农业科技国际话语权。

可以预见，在习近平新时代中国特色社会主义思想的指导下，在农业农村部的坚强领导下，中国热带农业科学院的发展必将迎来更加灿烂的明天。

2020年10月

前言

为服务国家战略需求，中国热带农业科学院（简称中国热科院）自20世纪50年代设立以来，伴随着新中国新时代的发展步伐，走过60多载创业创新历程。60多年来，在党中央、国务院的关怀和农业农村部的正确领导下，在农业农村部、科技部等部委司局及海南、广东等热带地区政府的大力支持下，中国热带农业科学院始终牢记农业科研国家队使命，肩负着引领热带农业科技创新方向、解决热带农业重大科学问题和关键“卡脖子”技术难题、培养高层次专业技术人才和推进科技成果转化应用的重任，面向世界热带农业科技前沿、面向国内热区农业产业主战场、面向国家重大需求、面向人民生命健康，紧紧围绕创建世界一流的热带农业科技创新中心的战略目标和牵头打造国家热带农业科学中心建设的历史责任，不断向热带农业科学技术广度和深度进军。

本书以中国热带农业科学院的组织机构为研究对象，以大量珍贵档案史料、大事志、年鉴、重大活动宣传资料等为素材，以通史叙述的方式，系统梳理不同时期中国热带农业科学院组织机构沿革变迁及其历史背景、重大事件，以不同时期组织机构历史沿革为主线，全面回顾和展示中国热带农业科学院发展的主要历程，同时也是对我国热带农业科技事业发展的回顾与展示，对于总结经验、把握规律、深化改革具有十分重要的意义，为相关工作提供可借鉴的史料记载、思路和启示。

本书依据的主要史料和参考资料，主要来源于国家档案局、农业农村部机关服务局图书档案处、国家林业和草原局（原国家林业局）档案馆、广东省档案馆、中国热带农业科学院档案馆、华南农业大学档案馆、海南农垦档案馆与中国期刊网电子资料数据库等，搜集、查阅了近60年来涉农领域及相关科技档案、期刊、著作、年鉴及农业类书籍等相关刊物。这些史料及档案记载对全面把握中国热带农业科学院发展的历史背景以及深入分析中国热带农业科学院组织机构发展历程和变迁起到重要作用。本书草稿完成后，分别送中国热带农业科学院档案馆原馆长陈开魁等退休老同志和张以山、刘国道等院领导及院机关部门、院属单位有关专家、领导审阅，做了必要的修改和补充；本书定稿前，分别送请院领导班子成员审阅。在查阅、收集文献资料以及文稿起草过程中，农业农村部机关服务局图书档案处、中国热带农业科学院档案馆给予了大力支持，中国热带农业科学院林红生、田婉莹、黄华、李莹、彭宝丰等同志做了大量工作。在此，谨向提供有关文献资料、审阅草稿的领导及相关同志表示衷心的感谢！

由于资料有限，以及编著者理论水平和实践经验的局限性，不足之处在所难免，恳请批评指正。

2020年10月

目 录

第三部分　稳步建设（1979—1994年）

第四部分　快速成长（1994—2007年）

第五部分　跨越发展（2007—2018年）

第六部分　新时代新征程（2018年至今）

第一部分

筹建初期（1951—1954年）

中华人民共和国成立不久，朝鲜战争爆发，以美国为首的西方国家帝国主义阵营对社会主义国家进行资源封锁。橡胶被列为主要禁运的战略物资之一。基于战略需要，1950年，毛泽东在莫斯科与斯大林会谈时，双方共同提出一起合作，苏联政府给中国提供贷款，并派出专家顾问团，支援中国在华南地区种植天然橡胶，并签订了《中苏联合发展天然橡胶的协议》。中共中央也明确指出“橡胶事业是国际事业，是保卫世界和平的事业”，作出了在我国华南地区建立橡胶生产基地的战略决策，以保证我国工农业生产特别是国防建设的需要。这便有了发展橡胶组织机构的契机。

一、筹建橡胶生产的领导管理机构——华南垦殖局

1951年8月2日，中央财经委员会、林垦部召开了橡胶工作会议，基本明确我国可以种植橡胶的区域，以及在部分地区分布的橡胶种类、数量，并向中央人民政府提出了橡胶生产的可行性报告。

1951年8月31日，中央人民政府政务院第100次会议正式通过了《关于扩大培植橡胶的决定》。《关于扩大培植橡胶的决定》对橡胶种植作出了部署，提出了发展任务，要求从1952年起至1957年，以最快的速度在广东、广西、云南、福建、四川等5个省区共种植橡胶树770万亩[*①]。《关于扩大培植橡胶的决定》还对有关橡胶科研工作提出要求：第一，组织勘测队伍，对各大行政区及省境内适宜种植巴西橡胶及印度橡胶的地区进行调查，尤

* 亩为非法定计量单位，1亩＝1/15公顷，下同。编者注。

① 中华人民共和国实录（第1卷上）[M]．长春：吉林人民出版社，1994：538。

其着重对1953年的种植橡胶地区进行周密勘测；第二，筹备橡胶科研的专业机构，加强橡胶科研；第三，着手实验苗圃的建设；第四，制定种苗种植计划；第五，开展橡胶产品产量的科学研究，各大行政区及省应指定专门机构或人员，对境内已有的巴西橡胶树及印度橡胶树进行科学的切实的试割和研究，在1953年前，将其橡胶的品质，每株按月计算全年的产量以及橡胶树的生长状况等，逐年逐月作出结论并定期作出报告①。

1951年9月，陈云副总理和叶剑英在广州主持召开了筹建橡胶生产的领导管理机构——华南垦殖局的工作会议。会议上提出，要尽快建立橡胶生产基地的具体意见、组织机构和科研工作等问题。1951年11月20日，华南垦殖局在广州沙面成立，叶剑英兼任华南垦殖局局长，中共中央华南分局秘书长李嘉人任专职副局长，广东、广西的党政领导人陈曼远、易秀香、冯白驹兼任副局长。12月26日，叶剑英在华南垦殖局工作人员大会上作《大力发展橡胶事业》的动员报告，阐述发展橡胶事业对于发展工业、巩固国防、实现国防现代化的重要意义，号召大家全力投入这一光荣事业。

1952年1月开始，林业部和中共中央华南分局开始动员全国橡胶专家分赴海南岛和粤西地区开展华南垦殖调查②。中国科学院也受邀参加了华南橡胶垦殖工作，派出森林、植物生态、分类和土壤方面的专家协助工作。

1952年3月，政务院和中央决定调人民解放军2万多官兵组建林业工程第一师、第二师和一个独立团，分赴海南、高州、雷州（湛江）和广西垦荒植胶，揭开了中国大规模发展天然橡胶业的序幕。

二、筹划天然橡胶研究机构

1952年3月13日，政务院党组会议研究通过的《关于修改种植橡胶计划的决定》指出："在华南垦殖局下设橡胶研究所，调科学院乐天宇任所长，调西南工业研究所彭光钦及各地橡胶专家参加研究所工作，在海南、

①吴克辉，陈云与华南橡胶垦殖事业的开拓［J］．万方数据，理论界2012第10期：98。

②中共中央文献研究室．陈云年谱（1905—1995）［M］．中卷．北京：中共中央文献出版社，2000。

雷州半岛、广西之合浦迅速建立研究试验站，对如何提高种子产量及质量，如何提高苗木成活率及其他在科学上急需解决的问题，进行研究。”

1952年9月15日，中苏双方签订了秘密的《中苏关于橡胶技术合作及协定》，规定苏联提供7 000万卢布贷款（年息2%），苏联按照贷款数额提供各种机械并派遣专家提供技术援助①。

1952年初开始，苏联陆续派出了80多名专家，向中国华南的橡胶垦殖工作提供林业、组织、水利、机械等各方面的技术援助②。4月苏联专家团总顾问顾格林视察了华南橡胶垦殖工作后，针对中方专家指出的苏联专家工作少、帮助少等问题，顾格林指出由于语言不通、经验不足，苏联专家未能真正发挥作用，中国应当注重使用本国科技力量，更大发挥中国专家的作用③。鉴于此，又考虑到苏联专家不会长期留在中国，同年9月苏联专家顾西夫提议在广州建立一个专门的天然橡胶研究机构。10月28日，华南垦殖局将苏联专家提出的“中华全国天然橡胶研究院”的方案致信林业部。信中写道，苏联专家提出“要将天然橡胶的科学研究工作集中于一个相当大的机构中进行，此机构即为中华全国天然橡胶科学研究院”，同时提出“第一部分工作将在广州研究院的中央大楼进行，而第二部分工作（橡胶培育工作）基本上将在海南岛、雷州半岛和广西三个地方进行，但受研究院领导”。在得到顾格林、陶铸和陈云的支持后，顾西夫于11月提出了更加具体的橡胶研究院方案，并详细规划了该所的人员编制、具体组织机构、职责分工等。据此提出中华全国天然橡胶科学研究院编制草案④。

1952年11月7日，中共中央华南分局陶铸同志在致信陈云副总理并报中财委的《关于在穗设天然橡胶研究院问题的报告》中，对苏联专家提出的方案予以肯定，并正式提出天然橡胶研究院的初步规划编制方案。

1952年11月12日，林业部回信中共中央华南分局陶铸同志，明确“原

①沈志华，关于20世纪50年代苏联原话贷款的历史考察［J］. 中国经济史研究，2002，(3)：84-93。

②竺可桢. 竺可桢全集［M］. 12卷. 上海：上海科技教育出版社，2007：738。

③姚昱，新中国华南橡胶垦殖中的科技争论［J］. 中国科技史杂志，第32卷第1期，(2011年)：4-22。

④姚昱，新中国华南橡胶垦殖中的科技争论［J］. 中国科技史杂志，第32卷第1期，(2011年)：4-22。

则同意苏联专家关于天然橡胶研究机构设置及编制的意见”“名称上暂称华南天然橡胶科学研究所为宜，在建立步骤上目前可先成立一筹备机关，待干部安排较妥后再正式成立”“干部方面乐天宇等八位同志即可前去，可为橡胶栽培研究方面骨干”“我们已经决定将西南重庆工业试验所的橡胶研究组及广西桐油研究所全部人员（五十余人）及设备调华南作为建立现代研究方面基础，此事中央林业部正在办理中”。至此，橡胶研究的组织机构已进入筹备雏形。

1952年12月17日，中央给各地指示电《中央关于华南垦殖橡胶工作的决定》，明确提出“为解决橡胶栽培及工艺方面的技术问题，及有计划地培养技术干部，决定成立华南特种林科学研究所，由华南垦殖局领导，包括栽培及工艺研究部门，编制二零五人。中国科学院、高等教育部和轻工业部尽力在技术上协助研究所的试验工作”。

第二部分

艰苦创业（1954—1979年）

一、广州时期，成立华南亚热带作物科学研究所

（一）建立筹备委员会

1.在广州成立筹备处　根据中央决定精神，1952年林业部决定以原广西桐油研究所和重庆工业试验所橡胶组的人员与设备为基础，并从中共中央华南分局、华南垦殖局抽调部分工作人员，从中国科学院、山东大学、浙江大学、南京农学院、东北森工局等单位抽调专家、科技人员和分配应届高校毕业生组建研究所。当年第四季度在广州成立筹备处。

2.成立建所筹备委员会　1953年初成立建所筹备委员会，由华南垦殖局时任副局长的李嘉人兼任筹备委员会主任，乐天宇、彭光钦和林西任副主任。1953年2月18日到1954年1月13日，筹委会共召开了十次会议。第一次筹委会议，讨论筹委会组成人员、研究所组成部门以及筹备工作大纲等事宜。关于筹委会需要吸收哪些人参加委员会问题，会议决议“原则上以各研究室正副主任及办事处处长、总局垦殖处处长为筹委会委员，这是中央指示组成的。筹委会议可按实际情况需要吸收行政部门各组长及各试验站长列席，没有主任的试验站亦可由主要筹备人员列席”。

筹委会下设行政部、化学工艺部、栽培部以及图书室、翻译组、摄影室等部门。

筹委会委员及代表合影[①]

（前排左起：李嘉人、乐天宇、郑天宝、彭光钦、齐雅堂；后排左起：林西、尤其伟、贺子静、古里）

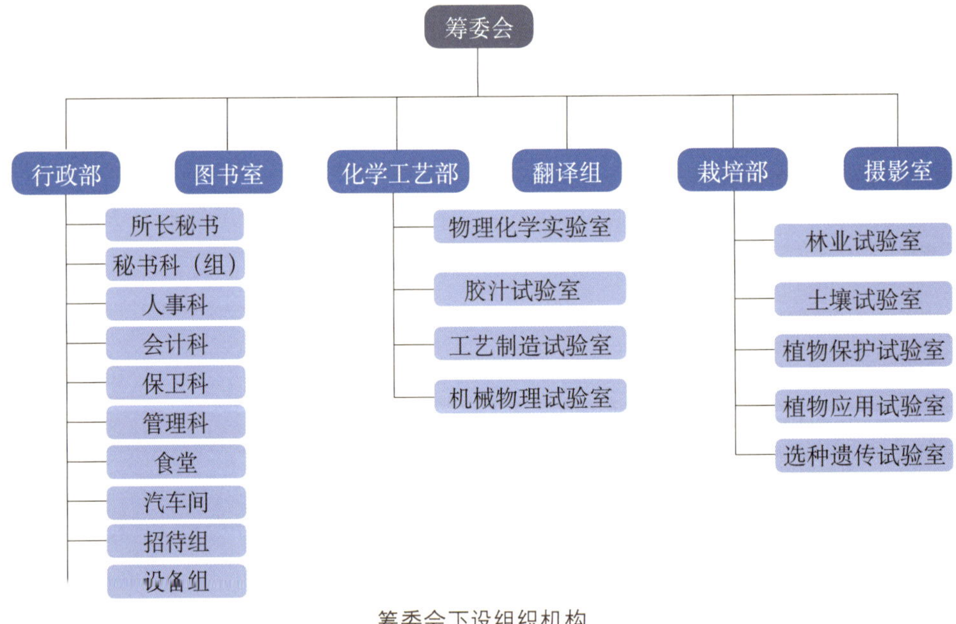

筹委会下设组织机构

①照片由中国热带农业科学院档案馆提供，照片中人物由中国热带农业科学院档案馆原馆长陈开魁考证并请尤世珏、尤世玮、平正明等人予以确认。

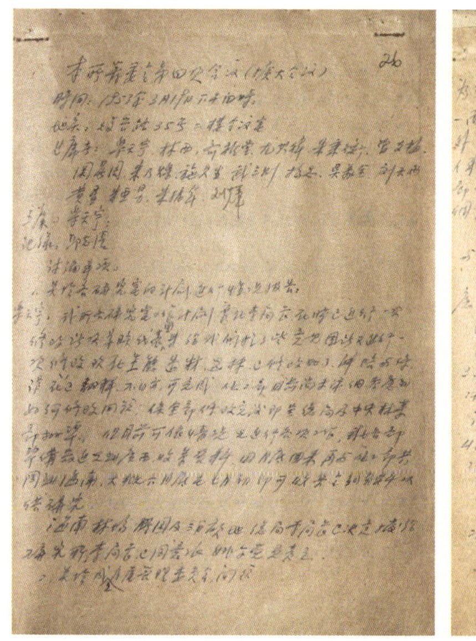
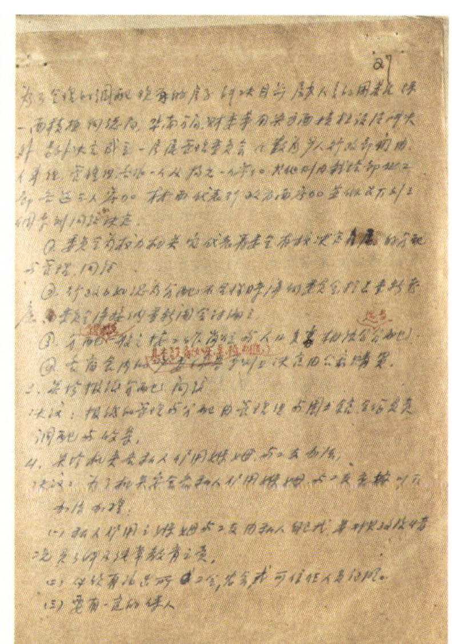

1953年所筹委会会议记录[①]

附：研究所成立前拟使用的名称

1.橡胶研究所，1952年3月13日，《关于修改种植橡胶计划的决定》。

2.中华全国天然橡胶科学研究院，1952年10月28日，华南垦殖局致林业部信或1952年11月7日，《关于在穗设天然橡胶研究院问题的报告》。

3.华南天然橡胶科学研究所，1952年11月12日，《华南天然橡胶研究机构事》。

4.华南特种林科学院研究所，1952年12月17日，《中共中央关于华南垦殖橡胶树的决定》。

5.中国热带作物科学研究所，1953年3月4日，筹委会第二次会议纪要议题一“关于中国热带作物科学研究所组织章程草案”。

6.华南热带林业科学研究所，1953年3月19日，筹委会第四次（扩大）会议纪要。

（二）筹建试验场、试验站

为贯彻中央指示，落实联系实际、面向生产、提高质量等方针，研

①原件存中国热带农业科学院档案馆，档案编号AM210-WS•1953-科研-永久-2.0065，1953年本所筹委会会议记录。

究所经研究计划在海南岛、雷州半岛和广西等设置4个试验场和3个试验站。其中，在海南岛的那大、保亭各设1个试验站，以那大联昌试验站为重点；3个试验场拟设于广州燕塘、茂名和灵山（华屏）。后经报请华南垦殖局批准，分别在广州燕塘、广东徐闻、海南那大和广西龙州建立了试验场（站）。

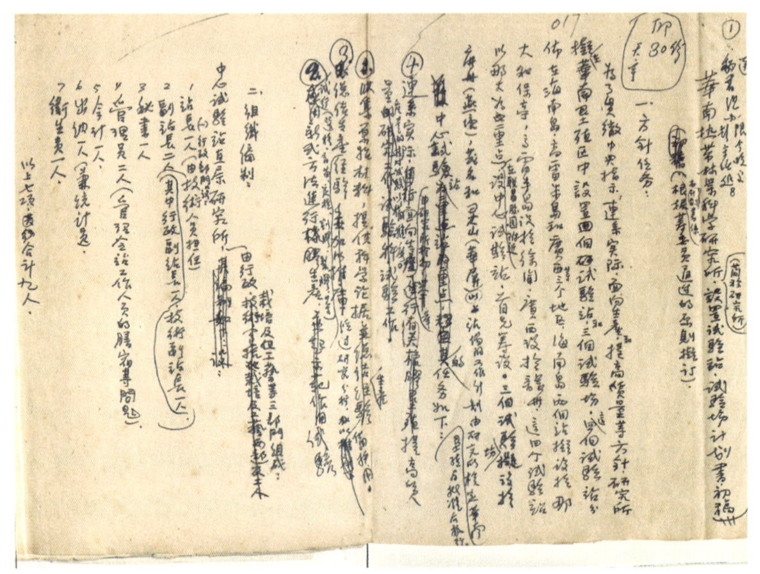

华南热带林业科学研究所设置试验站、场计划书（初稿）①

1.接收海南（联昌）试验站　1953年3月30日，华南垦殖局《儋县垦殖所联昌试验站移交总局科学研究所直接领导》〔(53）华办字第0020号〕文件，决定“将海南垦殖分局儋县垦殖所所属联昌试验站移交总局科学研究所（即处在筹备期的华南热带林业科学研究所）领导，联昌胶园全部财产、人员、设备等一并移交研究所接管，并于联昌胶园前面小河对岸划出200亩至300亩土地并入联昌试验站范围”。移交工作于1953年9月10日全部完成。移交后，研究所在联昌试验站建设了浓缩乳胶和烟片制造两个试验工厂，是研究所的中心试验站，后期便成了研究所在海南扎根的关键。

1958年4月研究所（已更名为华南亚热带作物研究所）将所址迁移到联昌试验站，试验站于1958年5月11日与研究所合并，联昌站原有机构同日撤销。

①原件存中国热带农业科学院档案馆，档案编号AM210-WS•1953-科研-永久-1.000。

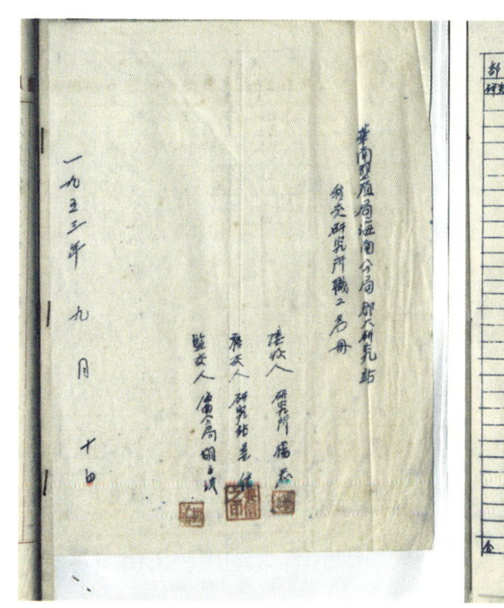
华南垦殖局海南分局那大研究站
移交研究所职工名册
接收人 研究所
移交人 研究站
监交人 海南分局
一九五三年九月十七日

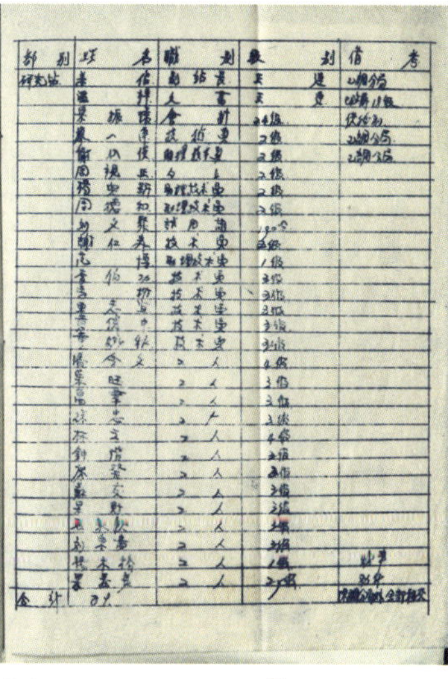

海南垦殖分局那大研究站移交研究所职工名册①

2.筹建燕塘试验场、徐闻试验站、广西龙州试验站　为有效充实研究队伍，在华南地区深入开展科学研究，研究所于1953年3月在广州建立燕塘试验场，其主要任务是为各研究室做研究及供给研究资料，包括气象记载，现有的橡胶苗观察记载，拟出详细的表格观察其详细变化，供给栽培与化工二部共同研究；防护林与覆盖植物培植与种子繁殖等。

1954年初由粤西垦殖分局徐闻垦殖所在徐闻坑仔建立徐闻试验站，试验基地约200余亩，均为粤西地区老龄胶树园。

1954年4月由广西垦殖分局在广西筹建龙州试验站，12月正式成立龙州试验站，主要任务是研究热带经济作物和橡胶北移扩种问题。为集中力量开展热带作物研究，1956年7月，农垦部决定将华南热带作物科学研究所所属广西龙州试验站迁至南宁，与广西省亚热带作物试验站合并划归广西省领导，行政人员、经费由广西省负责，业务由研究所指导。试验站其任务为研究橡胶、咖啡及其他适于广西省发展的主要热带亚热带技术植物栽培与北移问题，1958年6月，为适应农业生产“大跃进”的要求，加速开发广西省热带、亚热带作物资源，广西省林垦厅报请农垦部同意，扩充原“华南热带作物科学研究所广西试验站”的组织机构，并更名为“广西亚热带作物科学研究所”，“所”分别在龙州、陆川、百色各设一个试验站。

---

①原件存中国热带农业科学院档案馆，档案编号AM210-WS·1953-科研-永久-1.0011。

（三）正式成立华南热带林业科学研究所

经过一年多的筹备，1954年3月1日，研究所于广州沙面正式成立，定名为“华南热带林业科学研究所”，由华南垦殖局直接领导，体制归属中央林业部。华南垦殖局局长李嘉人兼任所长，乐天宇、彭光钦、林西任副所长，刘辉任党支部书记，朱振年任党支部副书记，研究所下属机构有海南（联昌）试验站、粤西（徐闻）试验站、广西（龙州）试验站和广州燕塘试验场。全所职工共计234人，其中科技人员169人，行政人员65人。

但广州沙面为新中国成立前的英国领事馆，并无多余的土地用于作物种植研究，不适宜科研工作的进行。后经选址论证，林业部审定，决定设在广州石牌。1954年3月动工兴建，1955年竣工，研究所从沙面迁入石牌，所在地起名南秀村。

科研人员在南秀村所址前庆祝国庆

（四）更名为华南热带作物科学研究所

随着朝鲜停战谈判基本结束，国际局势有所缓和，1953年5月，中共中央书记处召开扩大会议，决定修订全国的橡胶垦殖计划，大陆地区及海南岛的橡胶垦殖工作有了不同程度的调整。同年6月，华南垦殖局召开会议，传达贯彻中央书记处的会议精神，决定调整华南垦区的发展速度和生产规模，提出“提高质量，增加产量，改善经营，降低成本，巩固发展，稳步前进”的方针。1954年，中央决定把橡胶发展的重点从大陆转到海南，同年12月橡胶生产从林业部划归农业部领导。

在生产调整过程中，研究所也进行了相应调整，体制上归属农业部，改名为“华南热带作物科学研究所”。根据1954年8月中国科学院和林业部联合召开的热带林工作会议的要求，加强了选种研究，增设了橡胶寒害研究课题，机构增设热带技术作物和机械化两个研究组。化工部的工艺室与胶乳室合并，原四个研究室合并为机械物理、物理化学和制胶工艺三个研究室。

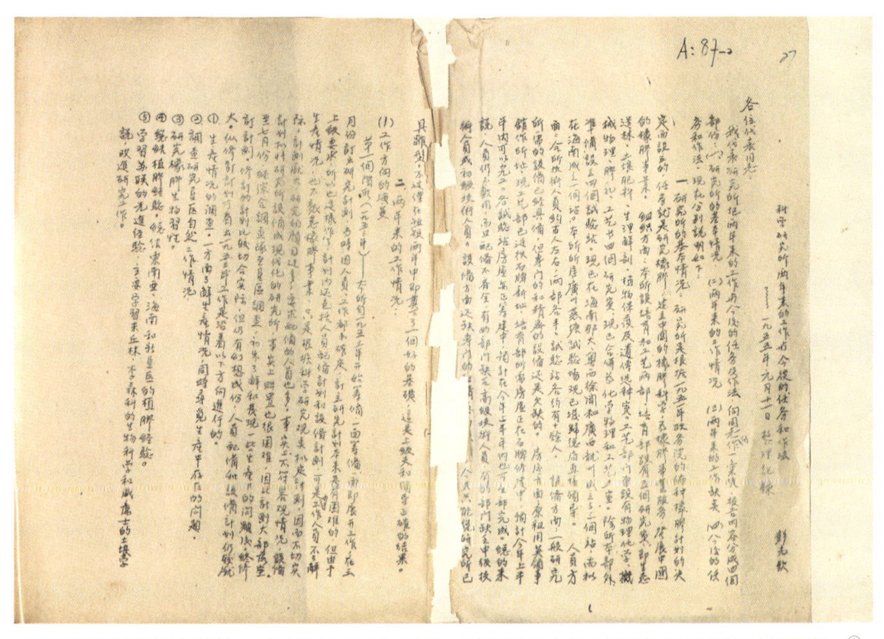

研究所两年来的工作与今后的任务与做法（1955年1月11日彭光钦副所长手稿）①

（五）更名为华南亚热带作物科学研究所

1955年11月15日至12月8日，农业部召开全国农业科学研究工作会议，制定了从1956年到1967年十二年的农业科学研究工作方案和1956年

① 原件存中国热带农业科学院档案馆，档案编号AM210-WS•1955-科研-永久-1.002。

工作要点，研究讨论了热带资源问题，要求研究所以橡胶为主大力发展热带经济作物的研究，并把服务地区从原来的海南、粤西、广西扩大到粤东、闽西、云南和四川南部河谷一带。

1956年6月，中央成立农垦部，研究所随同华南垦殖局划归农垦部领导。农垦部要求研究所下迁到海南热带作物生产中心结合生产开展研究，改名为“华南亚热带作物科学研究所”。

1956年10月15日，中央政治局批准农垦部热带作物司司长何康同志任华南亚热带作物科学研究所所长[①]。1957年初何康到任。

1957年，在粤西农垦分局的支持下，将原徐闻试验站迁到湛江郊区湖光岩，建立了约470公顷的试验基地。这便是现南亚热带作物科学研究所的前身。在海南农垦局的支持下，从西庆农场划出部分土地扩大海南试验站基地。派出人员到海南万宁县筹建兴隆热带作物试验站，主要研究咖啡、胡椒、可可等热带作物及引种工作。兴隆试验站后发展成为香料饮料研究所。

二、迁址海南，创建“热作两院”

（一）研究所迁址海南

为落实到生产中心去的精神，经过前期的调研和考察筹备，研究所搬迁的地址选定在海南儋州“那大西北地区，以原联昌试验站为界，向南扩展到雅拉桥至铺仔的分路”。

1958年3月3日，华南亚热带作物科学研究所召开第一次所务会，成立搬迁委员会，研究讨论搬迁有关问题。纪要中明确：“本所决定迁海南那大，在规划与基建未完成之前，与联昌试验站合并办公。本月十五、十六日，主要工作人员及部分物资，分水、陆两路出发与起运，赴联昌”。

①农垦部《报请任命何康同志的职务》[(64) 垦政省字第53号，1964年11月23日]，原件存农业农村部机关服务局图书档案处。

所址调查报告

一、位置及区界：

位于那大西北地区，以原联昌试验站界为基础向南扩展至雅拉桥至[illegible]仔的分路。

东以雅拉河为界（东南边跨过雅拉河[illegible]以西的低丘缓坡地，约三千亩）。

南以那大至昌感国防公路为界，在沙河水库（[illegible]水库，公路以南的一、二百亩土地）。

西以联昌三小队边界通至[illegible]仔的公路为界（其中包括[illegible]及华侨农场土地）

北以联昌站原有站界（北部尚有部份荒地）

二、面积：

总面积180—200平方华里，约8—9万亩，东南至西北长约18—20华里，西南至东北长约10—18华里，[illegible]35—40公里。

三、地形地势：

東部为低山，起伏較大，西部比較平坦，中有低山[illegible]，有東北，西南走向的雅拉嶺，泉水嶺，[illegible]以及[illegible]，形成一西面开敞的盆地。間有水田及小河。

東部的相对高度差一般在60—100公尺，[illegible]一般在200公尺相对高度有达300公尺以上者。

西部一般为5°左右的緩坡地，相对高度差在40公尺左右。

北部及雅拉桥桥東地区为緩坡地。

四、植被和土壤：

1. 東部山嶺地区：过雅拉村后即为杂木林，[illegible]，泉水嶺[illegible]山嶺

—1—

1958年2月23日—所址调查报告

联昌试验站手绘地图

（二）成立华南热带作物学院

1.筹建华南农学院海南分院　为适应科研与教学、生产相结合，1958年4月13日，华南农学院在海南成立海南分院筹备委员会，办公地点设在那大联昌华南亚热带作物科学研究所内。1958年6月筹委会召开会议研究确定专业设置、干部配备及基本建设问题，学院初步设立热带林业系、热带农业系、热带作物加工系三个专业，学制4年，计划招生240名。随后大力开垦荒地，建设科研基地、教学试验、实习基地，并建成了课室、宿舍、图书馆、食堂等16栋茅草房，被誉为“草房大学”。1958年9月18日，学院举行开学典礼正式开学。

华南农学院海南分院筹委会议记录（1958年6月4日）

建校劳动

开荒建设科研基地、实习基地

盖教室

搭建草房教室

在草房中上课

在橡胶林中上的第一课

2.更名为华南热带作物学院　1959年2月14日，广东省委召开开发海南和湛江热带地区的座谈会。农垦部王震部长出席会议，传达了周恩来总理关于开发海南、发展橡胶等热带作物的指示精神。会议形成《关于加速开发海南和湛江热带地区的座谈纪要》。当时华南农学院在各地的分院已在陆续撤销，其海南分院正进行调整。因此，会议纪要除了明确橡胶发展的任务外，还明确华南农学院海南分院更名为华南热带作物学院，由农垦部和广东省双重领导。研究所的全部农业机械研究人员调入广东省农垦厅，成立广东热带机械研究所。

经过一年的招生和教学工作后，1959年6月8日，农垦部发文［(59)垦人型字第24号］，决定“原华南农学院海南分院今后定名为‘海南热带作物农学院’”。

1959年7月8日，教育部与农垦部联合发文《关于华南热带作物学院定名及领导关系的联合通知》［(59)教计事字第841号，(59)垦人型字第25号］，通知明确“该院正式定名‘华南热带作物学院’；该院为农垦部部属学校，由广东省人委及农垦部双重领导”。党委和所院领导实行一套班子，统一领导。至此，学院成为我国专门培养热带作物专业人才，面向热带、南亚热带地区（广东、广西、云南、福建、贵州等地）招生的我国第一所热带作物高等院校。

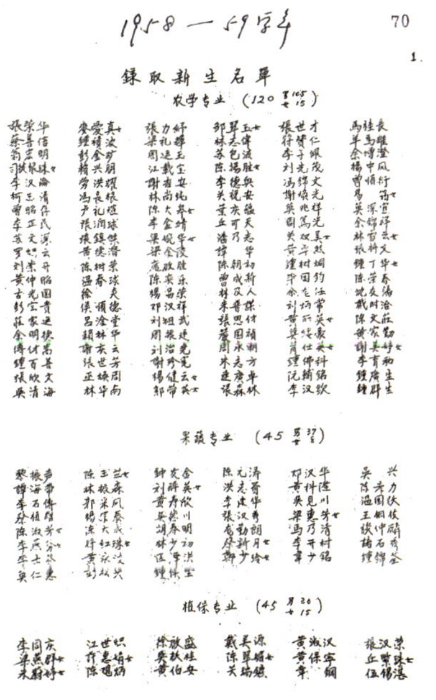
1958—59学年

录取新生名单

农学专业（120）

果蔬专业（45）

植保专业（45）

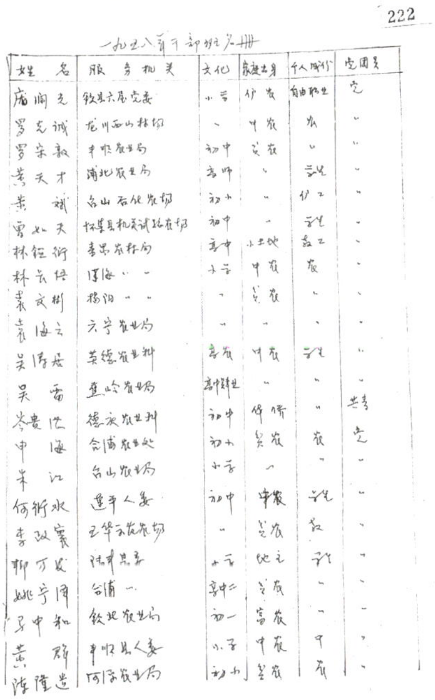
222

一九五八年干部班名册

姓名	服务机关	文化	家庭出身	个人成份	党团员

1958—1959学年新生及1958年干部班学员名单（部分）

3.“儋州立业　宝岛生根”　在华南亚热带作物科学研究所、华南热带作物学院建设最困难的时期，1960年2月9日（庚子年正月十三），周恩来总理视察华南亚热带作物科学研究所、华南热带作物学院。在研究大楼二楼会客室与所院领导亲切交谈，品尝教职员工自己生产的各式热带水果和木薯点心，分别参观了图书馆、橡胶系土壤分析实验室、红专展览室、加工系的实验室。根据对何康同志书写的自家春联的修改建议，亲笔书写了“儋州立业　宝岛生根”的光辉题词，同时亲笔题写了“华南热带作物学院”校名[1]。周总理视察和题词，体现了他对华南热带作物科学研究所、华南热带作物学院的亲切关怀，给所院干部职工增添了无限的力量，使所院在最困难的时期看到了前景、明确了方向。“儋州立业　宝岛生根”的殷切嘱托更是激励着一代又一代中国热带农业科学院人矢志不渝为热带作物事业敬业报国。

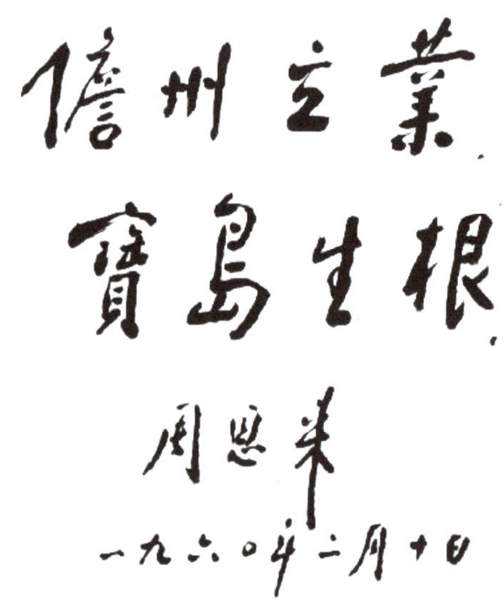

周恩来总理亲笔题词“儋州立业　宝岛生根”

（三）研究所扩建为华南热带作物科学研究院

根据1964年农垦部（64）垦科远字第31号文、国家科委（64）科五范

①王永昌，亲切关怀，巨大鼓舞——忆周恩来总理视察所院及题写“儋州立业　宝岛生根”光辉题词.《山野掘伟业——天然橡胶科教事业史料》，——天然橡胶科教事业史料。

字557号批文决定，研究所加工系、植保系的微生物组和广东农垦厅的热作加工设计室合并，成立华南热带作物产品加工设计研究所，所址设在湛江霞山，编制167人；原广东农垦厅的机械化研究所从广州迁至湛江湖光岩，成立华南热带作物机械化研究所。加工所、热机所均隶属于农垦部，加工所业务工作由华南亚热带作物科学研究所领导，农机所日常行政工作和业务技术工作委托华南亚热带作物科学研究所领导。

1965年，经国家科委和农垦部批准，华南亚热带作物科学研究所扩建为农垦部热带作物科学研究院，后改名为“华南热带作物科学研究院”（和华南热带作物学院合称为“热作两院”），加工所、农机所也同时划归研究院建制，承担热作垦区热带作物产品加工、机械的设计和研制任务。农机所还在云南、海南和湛江三地设置地区组，负责该地区机械化规划、研制，属热机所建制，受热机所与地区农垦双重领导。

1970年5月，华南热带作物学院下放给广州军区领导，8月“热作两院”改为广州军区建设兵团热带作物学校。1972年成立广州军区建设兵团热带作物研究所，受兵团热带作物学校领导。1973年4月，华南热带作物科学研究院恢复建制，由广东省和广州军区建设兵团双重领导，以兵团为主。1974年6月，广东省农垦总局成立，“热作两院”由广东省农垦总局领导。

1976年3月，广东省农垦总局决定将加工所、农机所和粤西试验站直接从研究所划归农垦总局领导建制。1978年2月中央成立国家农垦总局，同期，农林部、国家物价总局、财政部联合发出《关于加强农林科教工作和调整农林科教体制的函》。1979年3月16日，国家农垦总局印发《关于华南热带作物科学研究所、华南热带作物学院领导体制有关规定的通知》〔国垦（科）字第37号〕。通知明确：“遵照国务院（1978）27号文转发教育部《关于恢复和办好全国重点高等学校的报告》的指示以及农林部、国家物价总局、财政部《关于加强农林科教工作和调整农林科教体制的函》的规定，华南热带作物科学研究院（含华南热带作物加工设计研究所、华南热带作物机械化研究所和粤西试验站）、华南热带作物学院的领导体制，实行以总局和省双重领导，以局为主，是部属局级单位”。

第三部分

稳步建设（1979—1994年）

1979年，经国家农垦总局党组审批，明确华南热带作物科学研究院组织机构设置方案以及人员编制，人员编制增加至5 000余名。由此，华南热带作物科学研究院的研究范围不断扩大，研究机构不断发展、加强；同时，教学机构也不断充实。

一、充实发展科研机构

（一）恢复科研机构设置

1979年2月，经国家农垦总局党组批复，华南热带作物科学研究院下属单位组织机构如下：

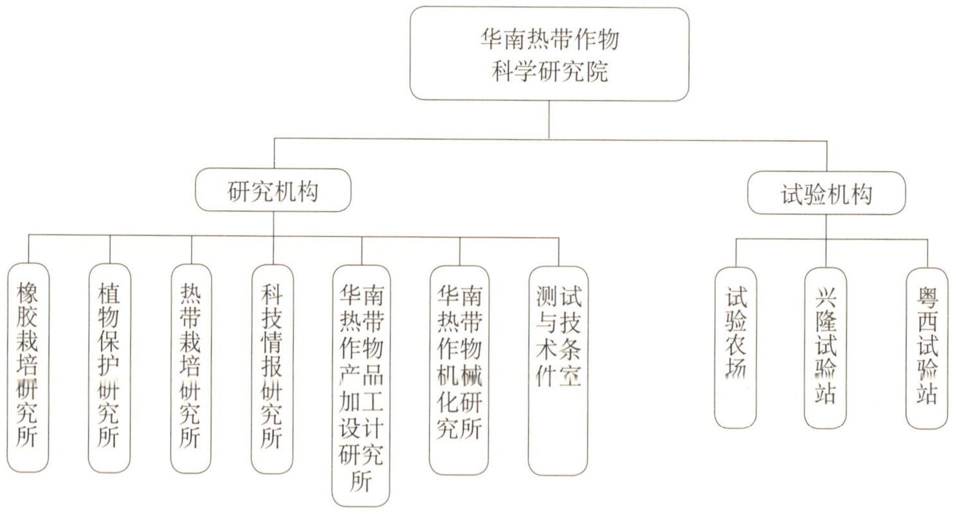

1979年初研究院院属单位组织结构图

国家农垦总局要求，根据精兵简政的原则，严格控制行政、服务机构人员编制，充实和加强教学、科研第一线的力量。

在此基础上，农垦部（79）垦（科）字346号同意“热作两院”行政机构调整意见和机构设置方案，提出“在调整时，认真贯彻精简精神，既减少层次和人员，又要提高效能，以保证科研和教学的顺利进行”，要求“将组织处和人事处合并，实行一套机构、二个牌子的做法，试验农场和教学实习基地合并为教学试验农场，兼顾教学科研的双重任务”。

（二）科研机构进一步扩充

1.成立文昌椰子试验站　1979年9月20日，根据海南发展椰子产业的需要，农垦部批复同意研究院在海南农垦局所属文昌橡胶所建立椰子试验站，按专业科研单位要求组建，面积不宜过大，人员不宜过多，多余土地和人员可以建立一个以繁育推广椰子良种中心，兼营椰子和畜牧生产的示范农场。文昌椰子试验站于1980年正式挂牌成立。

椰子试验站成立初期办公楼

2.粤西试验站更名为南亚热带作物研究所　1979年2月8日，经农垦部批复，同意将湛江农业局所属平岭农场并入粤西试验站，作为橡胶抗寒育种、银色橡胶菊的试验基地。1980年农垦部决定将湛江农垦局所属的剑麻研究所并入粤西试验站，剑麻研究遂成为粤西试验站重要科研任务之一。为适应热带经济作物产业发展需要，1987年9月，经国家科委同意，农牧渔业局批复同意，粤西试验站更名为南亚热带作物研究所。

粤西试验站科技人员合影

3.成立热带作物区划办公室　1979年，农垦部（79）农垦（计）字第128号文《关于开展我国热带、南亚热带土地资源调查和热带作物区划工作的通知》决定，成立“农垦部热带、南亚热带土地资源调查和热带作物区划办公室”，设在华南热带作物科学研究院内，负责联系协调及处理日常业务工作。1982年5月农牧渔业部成立，1984年1月20日，农牧渔业部以（84）农（垦）字第9号文通知，将原农垦部热带作物区划办公室更名为“农牧渔业部热带作物区划办公室”，业务归口农牧渔业部农垦局管理。1988年4月农牧渔业部撤销、农业部成立，同年11月14日农业部以（1988）农（垦）字第223号文将农牧渔业部热带作物区划办公室更名为“农业部热带作物区划办公室”。1995年10月，农业部热带作物区划办公室并入中国热带农业科学院图书与科技信息中心。

4.建立热带作物生物技术国家重点实验室　1985年，“热作两院”向农业部和国家计委报送建立热带作物生物技术国家重点实验室的申请。1988年6月2日，经农业部批复〔农业部农（垦）字第101号文〕同意设立热带作物生物技术国家重点实验室，并于同年10月动工兴建，1990年12月17日通过国家验收。1988年实验室从儋州搬迁到海口。1992年3月，经农业部批复为正处级机构，即为现热带生物技术研究所前身。

5.成立海南省食品科学研究所　1992年海南省琼编（1992）129号《关于成立海南省食品科学研究所的批复》，同意在院测试中心（正处级单位）的科技人员、科学仪器及实验室等条件的基础上，组建海南省食品科学研究所，与华南热带作物科学研究院测试中心一套人马，两块牌子。主要从事椰子、甘蔗等热带水果产品工艺加工、研究与制订产品质量标准等工作。

二、体制改革

（一）领导体制改革

恢复领导体制后，华南热带作物科学研究院、华南热带作物学院实行院、所长制，成立职代会，建立各级学术委员会。“热作两院”的科研教学工作面向广东、云南、广西、福建四省、自治区，以广东为主。新领导体制分工为，国家农垦局负责“热作两院”科研、教学、招生计划、专业和机构设置、毕业生分配、人员编制、劳动工资、财务等工作；广东省负责“热作两院”党的领导与建设、政治思想工作、地方物资供应等工作。院级干部的任免和晋升，由国家农垦总局商得广东省同意后，由国家农垦总局报国务院任免。所系、处级干部由“热作两院”提名，经国家农垦总局商得广东省同意后，由国家农垦总局任免。科以下干部由“热作两院”自行任免。

1979年8月农垦部通知明确，日常工作委托广东省农垦总局负责，“热作两院”的科研、教学、招生计划和专业设置、毕业生分配、人员编制、劳动工资、财务等，在报部的同时抄报广东省农垦总局。“热作两院”定期向农垦总局汇报工作，农垦总局对“热作两院”在科研、教学、生产、基建、生活等日常工作遇到的具体困难和问题，应积极帮助解决。

1982年5月国务院机构改革，将农业部、农垦部、国家水产总局合并设立农牧渔业部，“热作两院”随之归属农牧渔业部领导。

1987年9月，中央、国务院发出《关于建立海南省及其筹建工作的通知》，“为有利于海南的统一开发建设，中央和广东省在海南的企业、事业单位，原则上应下放给海南省”。农牧渔业部（1988年4月，国务院机构改革撤销农牧渔业部，成立农业部）和海南省决定“热作两院”实行农牧渔业部和海南省双重领导的体制。

1988年4月13日，第七届全国人民代表大会第一次会议通过《关于设立海南省的决定》和《关于建立海南经济特区的决议》。1988年4月26日，中共海南省委、海南省人民政府正式挂牌。同年12月，海南省人民政府下发《关于加强华南热带作物科学研究院、华南热带作物学院建设的决定》，表示经与农业部商定，对华南热带作物科学研究院、华南热带作物学院实行农业部和海南省双重领导，以省为主的领导体制。

（二）高校和科技改革试点单位

1983年7月农牧渔业部《关于<华南热作两院改革工作的初步设想>的批复》，同意“热作两院”列入科教改革试点单位进行改革，希望改革的步子大些、快些，创造出新的经验，以推动全国农垦系统、全国农业高等教育和农业科技改革工作。试行的内容包括：①定向招生比例方面，以80%左右的比例面向热作地区各省垦区定向招生，定向分配面向广东、云南、广西、福建、四川、贵州六省、自治区。②多形式、多种规格、多种形式办学方面，逐步增招研究生，增办若干个二年制的专科，开办专业干部短训和函授教育。③科研工作方面，编制科技发展规划和确定科研攻关项目，认真抓好科技推广工作，设立科技咨询服务公司，在广泛推行岗位责任制的前提下，实行课题承包制和科研人员自由组合的制度，实行技术推广承包责任制。④教学、科研、推广三结合方面，实行科研教学人员相互兼职，共同使用人才，仪器设备图书共同使用，共同承担招收研究生的任务，共同承担国家科研任务。⑤后勤管理改革方面。从后勤管理（包括提高实习基地的经济效益）入手，认真建立健全各种岗位责任制，切实在解决“铁饭碗”“大锅饭”问题上抓出成效。

（三）深化改革

1992年，为贯彻邓小平同志南方谈话和党的十四大精神，“热作两院”

制定并颁布了《改革与发展纲要》。主要目标是发挥“热作两院”在全国热带农业学术与教育中心的作用，“八五”期间，建设成为中国热带农业科学研究院和热带农业大学，到20世纪末，要使研究院和大学达到国际先进水平，拥有一支包括知名科学家、学科带头人、高学历的科教人员和管理人员组成的精干科教队伍。在直接从事科研和高等教育的科教人员中高级职称占30%，教授级占高级职称的35%。大学在校学生人数达3 000人以上，重点学科具有博士、硕士授予权。在热带农业一些重要领域，达到或保持国内领先水平，有15项以上成果达到国际领先或前沿水平。

106

华南热带作物科学研究院、华南热带作物学院
改革与发展纲要
(1992—1995年)

(讨论稿)

华南热带作物科学研究院、华南热带作物学院是我国唯一的热带农业综合科研机构及高等院校，担负着开展我国热带农业资源开发利用研究、培养我国热带地区开发建设和改革开放需要的各类高级专业人才的重要任务，在我国热带地区的经济建设和社会发展中占据重要的战略地位。经过三十多年的艰苦创业与开拓，两院已具相当规模并初步形成满足理论研究与开发应用和教学需要条件，锻炼与造就一大批热爱事业的高水平人才。而且取得了令人瞩目的成绩。

在十四大精神及邓小平南巡重要谈话的指引下，举国上下掀起了深化改革、扩大开放的建设新高潮。时代对我们提出了更高的要求，形势迫使我们要加快步伐。为此，我们一定要认清形势，积极、全面、正确地理解贯彻落实十四大精神，树立紧迫感，责任感，团结协作，艰苦奋斗，以改革作为当前全院工作的主题，加紧工作，开拓新局面。

—1—

“热作两院”改革与发展纲要

三、科技影响力不断提升

随着科研机构的不断充实和完善，自1986年党中央、国务院作出大规模开发热带作物资源的决定为标志，研究工作形成了以橡胶为重点、多种热带作物为对象，从资源区划、种植、机械化、到产品加工综合利用，包括产前、产中和产后全过程研究有关学科在内的热带作物科学研究体系，并取得了引人瞩目的科研业绩。

1990年5月，中共中央总书记江泽民来“热作两院”视察，他热情地赞扬了“热作两院”几代科教工作者坚守祖国南疆、艰苦创业的精神，充分肯定了“热作两院”在科研、教学、推广三结合的方向，赞许“热作两院”真正做到了理论与实践，知识分子与工农两个结合，对“热作两院”扎根宝岛30多年来所取得的成就给予了高度评价。

（一）增强科研话语权

1981年，“热作两院”积极参与中国科协组织的专题考察研究，就发展橡胶等热带作物的社会、经济效益与对生态环境的影响问题，提出了系列学术论文，从多方面论证了发展以橡胶为主的热带作物对我国的贡献。1983年，黄宗道院长在北京召开的国际橡胶研究和发展委员会年会上做了《中国橡胶栽培》报告，阐明了我国在不利的环境条件下栽培好橡胶的经验，与会各国得到很大启发。

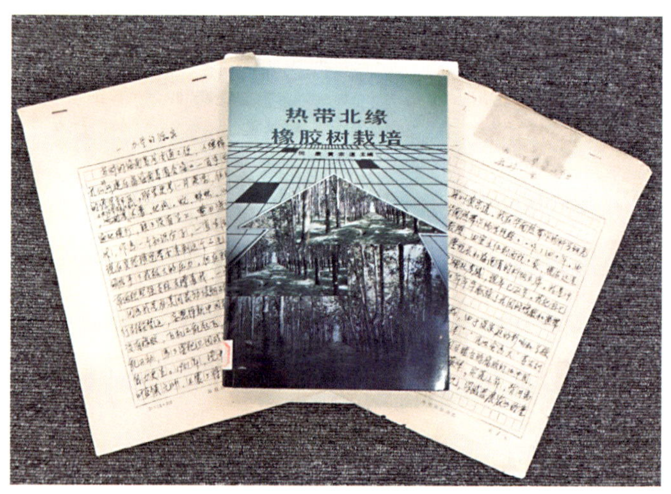

《热带北缘橡胶树栽培》及手稿

在此期间，全国橡胶树育种攻关会议等多个国家级会议在“热作两院”召开。

（二）启动国际合作交流

“热作两院”是我国开展涉外交往活动最早的研究单位之一。早在20世纪60年代初，“热作两院”专家已赴古巴、斯里兰卡、印度尼西亚、柬埔寨及非洲的坦桑尼亚、加纳等国家考察和引种。1980年经农垦部、外交部和财政部报国务院批准，“热作两院”加入了国际橡胶研究与发展委员会(IRRDB)。科技考察范围从热带国家和地区扩大到欧美、日本等国家和地区，考察内容也从热带作物扩展到热带农业、植物资源、高新技术和高等教育等方面。

1981年联合国开发计划署（UNDP）批准“热作两院”“加强华南热带作物测试中心建设”项目，共援助50万美元用于先进设备采购、人员培训等，测试中心（设在热带作物产品加工研究所）的设备得到更新，研究与测试手段、能力大大增强。1983年UNDP资助“热作两院”22.5万美元建立椰子研究中心，增添研究设备，派专家赴马来西亚、斯里兰卡、科特迪瓦等国考察椰子研究与生产技术，引进国外优良椰子品种，建立起椰子种质圃和杂交种种子园，为成立椰子研究所打下了良好的基础。

自1983年泰国橡胶考察团作为农牧渔业部邀请来我国访问考察的第一个橡胶代表团的到访，“热作两院”启动国际合作交流新篇章。与法国国际农业开发研究合作中心等多国研究机构签订双边科学技术合作协定。1986年，由世界地理联合会热带气候与群落工作组、世界气象组织、联合国环境计划署和中国热带作物学会、中国地理学会联合举办的国际热带农业气候、生物气候和地理生态学术讨论会在“热作两院”召开。

1993年，“热作两院”第一次承担了外国公司（印度尼西亚三安公司）委托的项目——利用咖啡干果皮酿酒的研究课题。

（三）科技支撑地方发展见成效

在天然橡胶研究及技术推广方面，运用我国独创的种植技术，解决了抗寒品种配置和防台风等栽培技术难关，成功地在南起海南岛最南端北至福建龙溪地区盘陀岭以南地区种植橡胶树646万亩，投产283万亩，产值7.6亿元，为我国社会主义建设事业作出了重大的贡献，也为世界天然橡胶种植史写下光辉的一页。

在龙舌兰麻研究及示范推广方面，引进的剑麻H·11648经过多省（自治区）协作在全国不同环境类型区进行栽培试验和适应性试验，迅速成为我国剑麻当家品种，使我国剑麻产量跃居世界前列，单产为世界平均单产的4倍。

在热区科技援助方面，与云南省临沧地区（1988年）签订科技援助协议书，以帮助该地区发展天然橡胶种植和加工等6个农业科技项目。同时开展海南省地方政府的科技支撑工作。

1993年3月，“热作两院”作为首批一百所院校之一，被授予对外经营权。

（四）基础研究成果取得突破

1980年，“番剑麻混合皂素分离与龙舌兰麻叶汁发酵”获得农垦部成果进步一等奖。

1982年10月，研究院联合农垦等部门共同攻关的“橡胶树在北纬18°～24°大面积种植技术”获得国家发明一等奖。该科研成果突破了世界上一般认为只能在赤道南北纬10°～15°植胶的界限，受到其他植胶国的重视。

发明证书

A 00240

为了表彰在科学技术现代化方面作出重大贡献的发明者，特颁发此证书，以资鼓励。

发明项目：“橡胶树在北纬18—24度大面积种植技术”
发 明 者：全国橡胶科研协作组
奖励等级：一等
奖章号码：00008

中华人民共和国
国家科学技术委员会主任 方毅

一九八二年十月

橡胶树在北纬18°～24°大面积种植技术证书

同年，“橡胶树绿色侧枝芽片利用技术及其产胶遗传性的研究”“胡椒丰产栽培技术推广”“胡椒在湛江地区引种试种推广”“橡胶白粉病总发病率短期预测法”等成果获得国家农委、科委科技推广奖。

随后10年间，科研成果“龙舌兰麻杂种第Ⅱ648号引种试种技术改进和示范推广”“橡胶死皮停割树采用浅创病灶施复方微量元素治疗和高部位针刺采胶的开发研究”“中龄橡胶芽接树割胶制度改革与推广”等10余项获得国家科学技术进步二等奖等国家级科技奖项。

第四部分

快速成长（1994—2007年）

在党和国家对热带事业的重视和关怀下，在热带作物的科教工作者数十年辛勤劳动下，热带作物事业迈上了综合性热带农业的新台阶，各项事业快速发展。院校充分利用人才、科技成果的优势迅速崛起，更多、更快地应用于农业结构的调整，促进农民的增收、促进农村经济的发展。

一、提升机构定位

（一）更名为中国热带农业科学院

1994年7月，经国家科技委、农业部批复，同意华南热带作物科学研究院更名为中国热带农业科学院，进一步拓展研究方向，服务我国热带、亚热带地区农业发展和海南经济热带地区对外开放的需要。

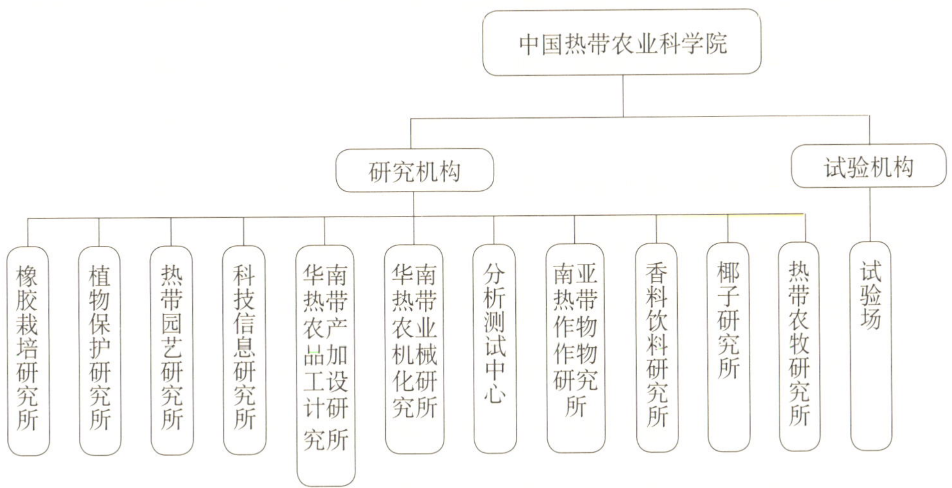

1994年中国热带农业科学院下属单位组织结构图

中国热带农业科学院成立大会

院更名同时，对部分院属科研机构也进行调整，热带作物栽培研究所更名为热带园艺研究所、华南热带作物产品加工设计研究所更名为华南热带农产品加工设计研究所、华南热带作物机械化研究所更名为华南热带农业机械研究所、科技情报研究所更名为科技信息研究所、兴隆试验站更名为热带香料饮料研究所、文昌椰子试验站更名为椰子研究所，撤销计算中心，成立热带农牧研究所。计算中心工作任务合并到科技信息研究所。

产品加工设计研究所、南亚热带作物研究所、机械研究所成立大会

（二）华南热带作物学院更名为华南热带农业大学

1996年5月，经国家教育委员会批复，为适应我国农业发展，尤其是华南热带农业发展的需要，同意华南热带作物学院更名为“华南热带农业大学”。至此，原“热作两院”这一合称改为“热农院校”。

华南热带作物学院更名华南热带农业大学新闻发布会

此阶段，华南热带农业大学教学机构为农学院、工学院、经济贸易学院、文法学部、图书与科技信息中心、学位评定委员会。本科专业12个，主要为热带作物、果树、植物保护、风景园林、观赏园艺、农产品贮藏与加工、农业机械化、食品科学与工程、高分子材料与工程、电器技术、农业经济管理、会计学等，专科专业为热带作物等15个。硕士研究生学科专业为农产品贮藏加工学等7个，博士研究生学科专业为作物遗传育种学。

（三）设立海口、儋州院校区

1.设立海口分院校　1993年，海南省政府支持华南热带作物科学研究院、华南热带作物学院在海口征地33公顷，经农业部、海南省政府批准筹备设立海口分院校，1997年4月正式挂牌成立中国热带农业科学院海口分院、华南热带农业大学海口分校。

2.更名为院校区　2002年海口分院校更名为海口院校区，儋州本部更名为儋州院校区。

海口院区旧貌

二、体制改革

（一）领导体制变更

1996年9月5日，为实行两级办学、两级管理，推进部署农业高校管理体制改革，经中共农业部党组商中共海南省委同意，中国热带农业科学院、华南热带农业大学领导班子的管理由中共农业部党组管理为主改为以中共海南省委管理为主。

1998年9月，农业部党组和海南省委决定，将“热农院校”领导体制从原来的院校长负责制改为党委领导下的院校长负责制。9月30日，农业部路明副部长带领农垦局、人事、科教、计划司的领导和海南省委副书记、常务副省长王厚宏与教育厅领导到院宣布了此项决定。

（二）科技体制改革

2002年10月10日，经科学技术部、财政部、中编办批复，“热农院校”科研机构体制分类改革全面启动，明确中国热带农业科学院为非营利性科研机构，下属14个科研机构，其中转为非营利性科研机构5个、农业事业单位5个、转为科技型企业4个。

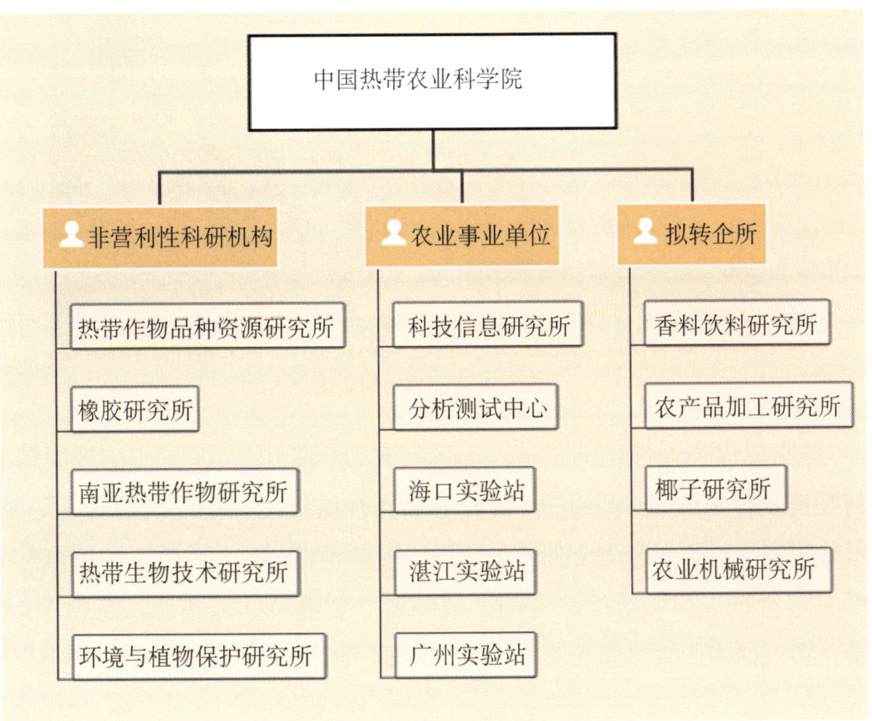

中国热带农业科学院科研机构图

三、科技业绩稳步显现

1996年中共中央政治局常委、书记处书记胡锦涛到“热农院校”考察，并指示“热农院校”在我国是唯一的从事热带作物的高等学校和科研单位，要争取办成世界一流的。围绕着这个目标，“热农院校”不断发展热带农业科教事业，发挥自身优势，抓住热带农业的特点，各项工作稳步推进并取得可喜业绩。

（一）科研成果持续涌现

1997年12月，“热农院校”名誉院校长，中国天然橡胶学家、土壤学家黄宗道教授当选为中国工程院院士。

黄宗道院士当选现场图

“橡胶树优良无性系的引种、选育与大面积推广应用”“中国橡胶树主栽区割胶技术体系改进及应用”“橡胶等热作种质资源鉴定评价的研究”“橡胶树国外优良无性系的引种试验与应用”“中粒种咖啡8个无性系的选育”分别获得国家科技进步一等奖等奖项。周钟毓、袁燮辉、郭祁源、黄香等4位专家研究的巴西橡胶树产量苗期预测法获得联合国发明创新科技之星奖。

科技進步獎
証書

为表彰在促进科学技术进步工作中做出重大贡献者，特颁发国家科技进步奖证书，以资鼓励。

获奖项目：橡胶树优良无性系的引种、选育与大面积推广应用

获奖单位：中国热带农业科学院

奖励等级：一等奖

奖励时间：一九九九年十二月

证书号：13-1-001-01

中华人民共和国科学技术部部长 朱丽兰

DIPLOMA

發明創新科技之星獎

THIS IS TO AWARD FOR THE REMARKABLE ACHIEVEMENTS IN SCIENCE & TECHNOLOGY INVENTION & INNOVATION

爲了表彰在科學技術發明創新方面做出的卓越成就
特頒發此證書

獲獎項目：巴西橡胶树产量苗期预测法

獲獎者：中国热带农业科学院橡胶所
周钟毓 郭祁源 [illegible] [illegible]

Awarded by:
National Bureau in China
United Nations

Signed by:

簽名：

部分获奖证书

（二）社会效益和经济效益双丰收

1996年12月，农业部公布的“八五”全国农业科研机构综合评估结果，橡胶所以全国排名第四和第三被评为科研开发能力百强研究所和农业基础研究十强研究所。

科学家郝秉中研究员、郑学勤研究员分别被国家人事部记一等功、荣获何梁何利基金“科学与技术创新奖”等，郝秉中和吴继林夫妇获得橡胶杰出研究金奖，“热农院校”荣获“全国农业科技年活动先进单位”等多个荣誉称号。

“热农院校”科研成果对天然橡胶业科技发展和经济增长、社会进步起到了重大的推动作用，使我国的橡胶育种研究和品种产胶水平赶上世界其他主要植胶国；经过杂交改良培育出的我国第二代良种的产胶量达到国际先进水平；1998年，我国橡胶产量在世界橡胶国家中位于第5位；解决了200万国家农场职工及家属和近200万农村人口生计，稳定和繁荣了边疆；在1995年税收方面，橡胶税收占海南省农业税收的50%、占西双版纳地方财政收入的51%。

（三）科技平台建设逐步扩大

1998年9月，国务院召开办公会议，专门研究海南热带农业高新技术产业示范区问题。会议认为利用海南独特气候条件和“热农院校”技术建设示范区，全国独此一家。2007年1月，“热农院校”为依托单位的国家重要热带作物工程技术研究中心获得国家科技部批准。热带牧草研究中心被国家外国专家局确定为“国家引进国外智力成果示范推广基地”。兴隆热带植物园被国家旅游局评为“国家AAAA级旅游区（点）”。作物遗传育种学科被评定为国家级重点学科。

四、院校分离

2007年8月14日，教育部下发《教育部关于同意海南大学与华南热带农业大学合并组建新的海南大学的通知》（教发函〔2007〕171号），标志着华南热带农业大学与海南大学正式合并。

第五部分

跨越发展（2007—2018年）

2007年，经农业部和教育部同意，中共海南省委和海南省人民政府决定，中国热带农业科学院与华南热带农业大学分离。中国热带农业科学院归属农业部（2018年3月更名为农业农村部）管理，中国热带农业科学院迎来了发展历史上的又一个春天。

一、组建新体系新班子

（一）组建新组织体系

1.成立中国热带农业科学院党组　2007年11月15日，中共农业部党组印发《关于成立中共中国热带农业科学院党组的通知》（农党组发〔2007〕68号）：经农业部党组研究，并报中共中央组织部批准，决定成立中共中国热带农业科学院党组。

2.明确主要职责、管理体制及机构　2007年11月30日，《农业部关于中国热带农业科学院主要职责内设机构和人员编制的批复》（农人发〔2007〕10号），对中国热带农业科学院的主要职责、内设机构、人员编制等批复。

主要职责：①开展热带农业科学应用基础研究、应用研究和基础研究，为解决我国热带农业发展中基础性、应用性、前瞻性的重大科技问题和关键技术难题提供支撑。②开展热带科技创新，推动热带农业科技创新体系建设，提高我国热带农业科技自主创新通力。③开展热带农业科技高层次人才培养，建设一支高水平的热带农业科学技术人才和管理人才队伍。

④开展热带科技成果转化和技术集成、示范与推广，提高热带农业科技成果的转化率、普及率和贡献率。⑤组织开展国内外热带农业科技合作与学术交流，跟踪了解国内外热带农业发展动态。⑥参与热带农业发展重大问题研究，提供相关政策咨询和科技服务。⑦负责所属科研机构的管理，指导挂靠社会团体的业务工作。⑧承办农业部交办的其他工作。

管理体制和人员编制：中国热带农业科学院作为农业部直属科研单位，机构规格正局级，业务归口科技教育司。核定人员编制5 500名，其中财政补助编制4 300名，经费自理编制1 200名。

内设机构：根据上述职责，设立15个职能部门和附属机构（不含院属科研机构），即办公室、科技处（研究生处）、人事处（离退休人员工作处）、财务处、计划基建处、国际合作处、开发处、审计与监察处、保卫处、机关党委、驻京联络处、兴隆办事处、文昌办事处、后勤服务中心和试验场。附属中小学由后勤服务中心管理（2018年2月1日起，附属中小学移交儋州市人民政府管理）。

院属科研机构：热带作物品种资源研究所（海南热带植物园）、橡胶研究所、香料饮料研究所（兴隆热带植物园）、南亚热带作物研究所（南亚热带植物园）、农产品加工研究所、热带生物技术研究所、环境与植物保护研究所、椰子研究所（海南椰子大观园）、农业机械研究所、科技信息研究所、分析测试中心、海口实验站、湛江实验站、广州实验站。

3.设立中国热带农业科学院纪检组　2010年9月28日，中共农业部党组印发《关于成立中国热带农业科学院党组纪律检查组的批复》（农党组发〔2010〕58号），同意中国热带农业科学院设立纪律检查（组长按副局级干部配备或由副局级干部兼任），协助院党组开展党风廉政建设和反腐败工作，组织协调或查办院属单位处级党员干部的违纪案件。院属研究所的纪检机构设计，由中国热带农业科学院党组研究决定。各级纪检干部在核定的编制和职数范围内配备。

（二）成立新领导班子

2007年9月28日，中国热带农业科学院召开临时领导班子任命大会。农业部人事劳动司梁田庚司长代表农业部党组通报了院校分离工作的情况并宣布了中国热带农业科学院临时领导班子：院长王庆煌、副院长王文壮、副院长陈秋波、副院长邱小强和副书记欧阳顺林。

2008年1月16日，中国热带农业科学院隆重举行新领导班子任职宣布大会。农业部人事劳动司司长梁田庚司长宣布农业部党组决定：成立中共中国热带农业科学院党组，王庆煌、欧阳顺林任党组副书记，王文壮、陈秋波、邱小强任党组成员；王庆煌任院长，王文壮、陈秋波、邱小强任副院长。

2008年3月28日，农业部人事劳动司司长梁田庚在中国热带农业科学院干部任职宣布大会上，宣布农业部党组对院党组书记的任命决定：张凤桐任党组书记。

二、确立办院方针和发展目标

院校分离后，以王庆煌院长为班长的新一届院领导班子站在新的历史起点上，重新谋划热带农业科技创新事业发展的大思路、大方针和大举措。2009年1月8日，中国热带农业科学院在儋州院区召开2009年工作会议，王庆煌院长代表院领导班子做了主题为《真抓实干科学管理开拓创新锐意进取为实现我院跨越式发展而努力奋斗》的工作报告，提出了“开放办院、特色办院、高标准办院”的办院方针，明确了创建世界一流的热带农业科技创新中心，打造热带农业科技创新基地、热带农业科技成果转化应用基地、热带农业高层次人才培养基地、热带农业国际合作与交流基地和热带农业试验示范基地（简称“一个中心、五个基地”）的发展目标。院所各项事业发展进入了快车道。

2010年4月，习近平同志到中国热带农业科学院视察，他强调“要将热带农业融入大农业格局中，不断推进热带农业的现代化”，这一重要指示为中国热带农业科学院的发展坚定了信心。

真抓实干　科学管理　开拓创新　锐意进取
为实现我院跨越式发展而努力奋斗

——中国热带农业科学院2009年工作报告

王庆煌

2009年1月8日

同志们：

今天，我们隆重召开全院2009年工作会议。这次会议的主要任务是：总结2008年的工作，部署2009年工作重点，进一步深入学习实践科学发展观，大力提升农业科技创新能力，推动我院实现跨越式发展。下面，我代表院领导班子和院党组作工作报告，请同志们审议。

一、2008年工作回顾

2008年是我院在新的发展里程上的起步之年，也是调整、理顺和夯实基础的关键一年。一年来，在农业部党组的正确领导下，院党政领导班子坚持以邓小平理论、“三个代表”重要思想和党的十七大精神为指导，全面深入学习实践科学发展观，紧密依靠、团结和带领广大科技职工，求真务实，艰苦奋斗，勇于创新，开拓进取，全院各项事业呈现良好的发展态势。

（一）科学发展观学习实践活动取得阶段性成果

贯彻落实科学发展观是全年工作的重中之重。我院认真谋划、精心组织、周密部署，围绕“党员干部受教育、科学发展上水平、人民群众得实惠”的总体要求，紧密结合我院工作实际，切实抓好学习调研阶段和分析检查阶段的工作，学习实践活动开局良好，各

中国热带农业科学院2009年工作报告

三、持续完善热带农业科技创新空间布局

（一）创新主体逐步转移至海口

随着办院方针和发展目标的确立，中国热带农业科学院将目光投向了发展前景更为广阔的海南省省会海口市。2009年6月26日，中国热带农业科学院在海口院区举行了院机关海口办公启动仪式，开始在海口、儋州两地同时办公。同年12月底，院机关整体迁移至海口院区办公，为热带农业科技创新事业开辟了新的更大的舞台。

国家热带农业科技创新中心（海口）

在党中央的高度重视下，2012年8月，国家发展改革委立项支持中国热带农业科学院热带农业科技中心项目。2018年6月，科技中心项目全部顺利完工，院机关搬迁至科技中心主楼办公。同年12月，热带作物品种资源研究所、橡胶研究所、科技信息研究所以及分析测试中心先后搬迁至科技中心办公。中国热带农业科学院科技创新基础条件得到了极大的加强。

（二）中国热区创新空间布局

在农业农村部的大力支持和热区各地方政府的有力帮助下，2007年以来，中国热带农业科学院加快推进国内区域创新中心建设，完成了海口院区、儋州院区、三亚院区（含三亚研究院）、湛江院区、广州院区（含广州

研究院）等五个院区；广西研究院、云南研究院、四川攀枝花研究院等三个研究院；兴隆基地、文昌基地、北京基地等三个基地；贵州兴义实验站，广西百色、田东实验站，广东江门实验站，西藏林芝热带水果试验站等一批实验站的总体布局。

1.五个院区　在海口院区建立了国家热带农业科技创新中心，海口热带农业科技成果转移转化中心和海口热带农业科技博览园。在儋州院区建立了海南儋州国家农业科技园区、国家热带植物种质资源库、海南热带植物园和一批高标准试验示范基地。在三亚院区设立了中国热带农业科学院三亚研究院，在湛江院区建设南亚热带农业科技创新中心，在广州市花都区建设中国热带农业科学院广州研究院。

三亚院区规划图

南亚热带农业科技创新中西（湛江院区）规划图

2.三个研究院　在广西崇左市扶绥县、云南省普洱市分别建设广西研究院、云南研究院，四川攀枝花研究院于2020年6月正式揭牌，投入使用。

广西研究院规划图

云南研究院规划图

3.三个基地　在兴隆基地建立了热带香辛饮料种质资源收集保存创新利用基地、热带香辛饮料作物试验示范基地和兴隆热带植物园（国家热带农业科学中心成果转化兴隆基地）。在文昌基地建立了文昌椰子大观园和一批高标准试验示范基地。

4.实验（试验）站群　贵州兴义实验站，广西百色、田东实验站，广东江门实验站，西藏林芝热带水果试验站等一批实验站相继建成并投入使用。

（三）世界热区国际合作平台建设

在世界热区设立了8个不同类型的热带农业科技国际联合实验室或研究中心，建立了15个境外农业实验（试验）站或示范基地。中国热带农业科学院被联合国粮农组织认定为“FAO热带农业研究培训参考中心”，承担中国援刚果（布）农业技术示范中心项目。

1.国际联合实验室（研究中心）　热带药用植物研究与利用国际联合实验室（2009年7月），中国－马尔代夫椰子害虫生物防治联合实验室（2015年），咖啡锈病研究联合实验室（2018年12月），中国热带农业科学院哥斯达黎加热带饮料作物种质资源保护利用实验室（2019年8月），CIAT-CATAS亚太热带农业联合实验室（2019年8月）。先进热作材料国际研究中心（2009年7月），中国－尼日利亚木薯中心（2009年），热带植物保护合作中心（2012年）。

2.境外农业实验（试验）站　柬埔寨农业试验站（2017年7月），老挝农业试验站（2018年9月），印度尼西亚农业试验站（2018年），菲律宾农业试验站（2018年7月），刚果（布）农业试验站（2015年5月），莫桑比克农业试验站（2018年），瓦努阿图农业试验站（2017年8月），厄瓜多尔农业实验站（2015年9月）。

3.示范基地　柬埔寨香蕉种苗繁育与标准化种植示范基地（2018年），中国热带农业科学院－巴基斯坦信德省农业大学热带农业科技合作示范基地（2018年5月），中国－阿联酋椰枣红棕象甲综合防治示范基地/中国－阿联酋椰枣联合研究中心（2015年9月），阿布贾现代农业示范基地（2016年3月），密克罗尼西亚联邦椰子标准化种植示范园（2018年），中国（海南）－柬埔寨胡椒标准化栽培示范基地（2019年6月），巴基斯坦热带经济棕榈示范基地（2019年9月）。FAO热带农业研究培训参考中心（2014年5月），中国援刚果（布）农业技术示范中心（2007年）。

举办热带农业技术国际培训班

编写热带农业技术国际培训教材

中国援刚果（布）农业技术示范中心

第六部分

新时代新征程（2018年至今）

2018年4月13日，习近平总书记在庆祝海南建省办经济特区30周年大会上发表重要讲话，作出打造国家热带农业科学中心的重要战略部署。2019年4月11日，农业农村部韩长赋部长与海南省沈晓明省长签署《农业农村部海南省人民政府共同推进海南全面深化农业农村改革开放备忘录》，明确依托中国热带农业科学院建设开放共享的国家热带农业科学中心。2019年11月，中国热带农业科学院将建设国家热带农业科学中心确立为新时代的战略任务，即“按照习近平总书记的部署要求，牵头打造开放共享的国家热带农业科学中心，使其成为世界热带农业主要的科学中心和创新高地”。

2020年1月10日，中国热带农业科学院2020年工作会议在海口召开。会议以习近平新时代中国特色社会主义思想为指导，深入学习贯彻党的

中国热带农业科学院2020年工作会议在海口召开

十九大和十九届二中、三中、四中全会以及中央经济工作会议、中央农村工作会议精神，全面落实全国农业农村厅局长会议重要部署，明确下一步中国热带农业科学院将按照农业农村部和海南省合作备忘录的部署要求，围绕生物育种、热带农业、深蓝渔业、动物卫生与营养四个创新领域，加快建设科学中心重大基础设施，全面提升热带农业科技创新、人才培养、国际合作能力。

国家热带农业科学中心－热带农业科技创新综合实验室规划图

2020年4月3日，农业农村部研究通过《国家热带农业科学中心建设规划（2020—2035年）》；6月19日，海南省委常务会议研究通过《规划》。

为深入贯彻落实习近平总书记和党中央关于大力发展热带农业的重要决策部署，2020年9月25日，中国热带农业科学院在海口举办热带农业发展战略研讨会，来自农业农村部相关司局、海南省相关单位、中国热区各省区科研院校和企业等70多位领导和专家汇聚一堂，共商热带农业发展大计。会上，中国热带农业科学院作了《新时期我国热带农业发展战略》主旨报告，组织专家研讨论证，明确新时期热带农业发展定位，谋划热带农业科技创新重点领域。会议强调，科技创新是热带农业发展的原动力，要坚持“四个面向”，不断向热带农业科学技术广度和深度进军。

热带农业发展战略研讨会在海口召开

中国热带农业科学院作为我国唯一从事热带农业科学研究的国家级综合性科研机构，将积极扛起国家战略科技力量的责任与担当，担负起带动热带农业科技创新的“火车头”、促进热带农业科技成果转化应用的“排头兵”、培养优秀热带农业科技人才的“孵化器”和加快热带农业科技走出去的“主力军”的职责使命，积极整合国内外热带农业优势资源，牵头打造国家热带农业科学中心，建设全球热带农业中心，为新时代热带农业发展注入强大动力，推动热带农业大发展。

附　录

附录一　中国热带农业科学院历任院领导

姓　名	职　务	任职时间
李嘉人	所长（兼）	1954.03—1956.10
乐天宇	副所长	1954.03—1955
彭光钦	副所长	1954.03—1957
林西	副所长	1954.03—1956
武树藩	副所长	1955—1957
武树藩	副所长、副院长、副书记	1958—1964
何康	所长	1956.10—1958.05
何康	所长、院长，党委书记	1958.05—1967
何康	核心小组组长、领导小组组长	1974.12—1978.01
钟俊麟	副所长	1957—1958
钟俊麟	副所长、副院长	1958—1964
林令秋	代书记	1958—1967
高大钧	副所长、副院长	1961—1962
郑克临	副所长、副院长	1963—1967
郑克临	领导小组成员	1974.12—1978.01
郑克临	副院长	1978.02—1981
吴修一	副书记	1962—1964
吴修一	热作学校副校长	1972—1974
吴修一	领导小组副组长	1974—1978
吴修一	副院长、副书记	1978.02—1980.08
李锦厚	副院长	1964—1967
黄星五	领导小组组长	1969—1972
黄星五	热作学院党委副政委	1972—1974
马田德	领导小组成员	1969—1972
马田德	热作学院党委副政委	1972—1974

（续）

姓　名	职　务	任职时间
肖功九	热作学校校长	1972—1974
吕静环	热作学校党委书记	1973—1974
黄政海	热作学校副校长	1972—1974
陈枫	热作学校副校长兼热作所所长	1972—1974
	领导小组成员	1975
梁文墀	领导小组成员	1974—1978
	副院长	1978.02—1980
王元周	核心小组副组长	1974—1978
	两院党委副书记	1978.02—1983.10
陈茂盛	领导小组成员	1974—1978
	两院副院长	1978.02—1983.10
于光	（兼）两院院长、党委书记	1978.02—1982.02
周嘉达	两院党委第一副书记	1978.02—1981
	两院第一副院长	1978.02—1981
	顾问	1982—1983.10
黄宗道	两院副院长	1978.02—1981
	院长	1981.04—1991.08
	党委书记	1985.04—1987.01
	名誉院长	1991.08—2003.04
田之宾	两院副院长	1979.11—1981
	第一副书记	1981—1983.10
	副院长	1983.10—1985
潘衍庆	副院长	1980.08—1987.01
	党委书记	1987.01—1993.08
项斯桂	副院长	1980.06—1987.01
胡光烈	副院长	1980.06—1983.10
钟双华	党委副书记	1980.06—1983.10
	党委代书记	1983.10—1985.04

（续）

姓　名	职　务	任职时间
林亚珉	党委副书记	1983.10—1984
裘森芳	党委副书记	1983.10—1989
司马驰	副院长	1983.10—1991.08
梅同现	副院长	1983.10—1987.01
陈河楷	党委副书记	1985.04—1994.11
	党委书记	1994.11—1998.08
吕飞杰	副院长	1987.01—1991.08
	院长	1991.08—1994.11
	党委副书记	1991.08—1993.08
	党委书记	1993.08—1994.11
郑学勤	副院长	1987.01—1991.08
梁荫东	副院长	1987.01—1993
胡耀华	副院长	1987.01—1995.02
杨四海	副院长	1991—1999.05
谢发成	副院长	1991—1995.02
余让水	副院长	1991—1994.11
	院（校）长	1994.11—2001.12
华子奇	党委副书记	1993.08—1998.08
支小纪	副院（校）长	1995.02—2004.09
王文壮	副院（校）长	1995.02—2012.06
周公卒	副院（校）长	1995.02—1997
谭基虎	党委副书记	1995.02—1998.08
	副院长	1998.08—2007.09
马道文	党委书记	1998.08—2004.09
韦勇	党委副书记	1998.02—2005.07
陈秋波	副院长	1998.02—2010.07
张春发	院（校）长	2001.12—2004.09
	党委副书记	2001.12—2004.09

（续）

姓　名	职　务	任职时间
周兆德	副院（校）长	2001.12—2007.11
邱小强	副院（校）长	2002.02—2007.11
	副院长	2007.11—2011.05
刘康德	党委书记	2004.09—2007.11
	副院（校）长	2004.09—2007.11
武耀廷	副院（校）长	2005.06—2007.11
欧阳顺林	党委副书记	2005.07—2007.11
	党组副书记	2007.11—2012.12
	纪检组长	2010.12—2012.12
张凤桐	党组书记	2008.03—2010.06
	副院长	2008.03—2010.06
雷茂良	党组书记	2010.08—2014.10
	副院长	2010.08—2014.10
张万桢	副院长、党组成员	2011.07—2015.06
孙好勤	副院长、党组成员	2012.07—2016.02
汪学军	副院长、党组成员	2012.12—2016.02
李尚兰	党组书记	2014.10—2019.09
	副院长	2014.10—2019.09
朱恩林	副院长、党组成员	2015.10—2018.08
张晔	纪检组长、党组成员	2016.04—2018.11

附录二　中国热带农业科学院现任院领导

姓　名	职　务	任职时间
王庆煌	副院（校）长	2003.09—2004.09
	党委副书记	2003.09—2007.11
	院（校）长	2004.09—2007.11
	院长	2007.11—
	党组副书记	2007.11—
崔鹏伟	党组书记	2019.09—
	副院长	2019.09—
郭安平	副院长、党组成员	2010.06—
刘国道	副院长	2010.06—
张以山	副院长、党组成员	2012.07—
李开绵	副院长、党组成员	2016.06—
谢江辉	副院长、党组成员	2015.10—
何建湘	纪检组长、党组成员	2019.07—
戴萍	副院长、党组成员	2018.08—

附录三　中国热带农业科学院名称及领导体制变更一览表

机构名称	时　间	领导体制
华南热带林业科学研究所	1954年3月	林业部
华南热带作物科学研究所	1954年12月	农业部
华南亚热带作物科学研究所	1956年6月	农垦部
农垦部热带作物科学研究院	1965年	农垦部
华南热带作物科学研究院	1965年	国家农垦总局和广东省双重领导，以总局为主
华南热带作物科学研究院	1969年4月	广州军区生产建设兵团接管
广州军区建设兵团热带作物研究所	1972年	广州军区建设兵团热带作物学校领导
华南热带作物科学研究院	1973年6月	广东省和广州军区建设兵团双重领导
华南热带作物科学研究院	1974年12月	广东省农垦总局领导
华南热带作物科学研究院	1979年3月	国家农垦总局和广东省双重领导，以总局为主
华南热带作物科学研究院	1982年5月	农牧渔业部
华南热带作物科学研究院	1987年9月	海南省、农牧渔业部双重领导与共建
华南热带作物科学研究院	1988年4月	海南省、农业部双重领导与共建，以省为主
中国热带农业科学院	1994年10月	海南省、农业部双重领导与共建
中国热带农业科学院	1996年9月	海南省、农业部双重领导与共建，领导班子以海南省管理为主
中国热带农业科学院	1998年9月	海南省、农业部双重领导与共建，实行党委领导下的院长负责制
中国热带农业科学院	2007年8月	农业部，实行院长负责制
中国热带农业科学院	2018年3月	农业农村部

附录四　中国热带农业科学院院属科研机构简介

热带作物品种资源研究所

中国热带农业科学院热带作物品种资源研究所位于海南省海口市，前身是1956年6月成立的华南亚热带作物科学研究所热带作物栽培与农学系，2002年10月更为现名，是以热带作物种质资源为主要研究对象的国家级科研机构。主要开展热带作物种质资源收集、保存、评价与创新利用；重要基因挖掘利用；育种新技术研发；热带作物良种良法配套技术；品种标准与测试技术研究及热区特色畜禽资源保育与健康养殖等研究工作，在多个研究领域取得了重大突破。

建所以来，取得包括国家科技进步二等奖、海南省科技特等奖在内的科技奖励124项；收集保存热作种质资源近3万份，位居世界前列；热带作物种质资源保护与利用、木薯蛋白组学、芒果基因组学等研究领域处于世界领先水平；热带花卉高效育种、南药全产业链生产等技术处于世界先进水平，为我国热带农业发展提供了坚实的种质资源基础。

热带作物品种资源研究所科研办公楼

橡胶研究所

中国热带农业科学院橡胶研究所位于海南省海口市，创建于1954年3月，前身是华南热带林业科学研究所，1979年2月更名为华南热带作物科学研究院橡胶栽培研究所，2002年10月更为现名，是我国唯一以天然橡胶为主要研究对象的国家级科研机构，主导我国天然橡胶产业技术体系建设。在橡胶树基因组学研究、新一代橡胶树速生高产抗逆新品种培育、新型种植材料推广、采胶新技术及电动割胶刀研发、死皮防控关键技术、胶园全周期间作模式、橡胶木材综合利用、高端制品用胶加工技术等方面取得新突破。

建所以来，取得包括国家发明一等奖、国家科技进步一等奖在内的科技奖励177项。在橡胶树北移栽培、橡胶树优良无性系的引进试种、割胶技术体系改进及应用等领域取得了辉煌成就，为我国天然橡胶产业体系的建立和实现三次产业升级提供了有力的科技支撑。

橡胶研究所科研办公楼

香料饮料研究所

中国热带农业科学院香料饮料研究所位于海南省万宁市，创建于1957年5月，前身是华南热带作物科学研究院兴隆试验站，1993年更名为华南热带作物科学研究院香料饮料作物研究所，1994年7月更为现名，是我国专业从事热带香料饮料作物产业化配套技术研究的综合性科研机构，重点开展胡椒、咖啡、香草兰、可可、苦丁茶、草果、斑兰叶、糯米香等热带香料饮料作物的产业化配套技术研发，研制出特色热带香料饮料作物产品12大系列140多种规格，向热区推广应用热带香料饮料作物种植与加工技术成果，建立了“科学研究、产品开发、科普示范”三位一体的发展模式。

建所以来，取得科研成果150多项，其中获国家级、省部级成果奖励43项；制定技术标准49项；出版专著57部；各项专利77项。通过打造“科研院所＋农户”、“科研院所＋公司＋农户”等乡村振兴服务模式，在热区起到良好的示范、辐射与带动作用，为我国热带香料饮料作物产业持续发展提供强有力的科技支撑。

香料饮料研究所综合实验楼

南亚热带作物研究所

中国热带农业科学院南亚热带作物研究所位于广东省湛江市，创建于1954年，前身是粤西试验站，1987年9月更名为华南热带作物科学研究院南亚热带作物研究所，1994年7月更为现名。主要以菠萝、芒果、澳洲坚果、剑麻、甘蔗等南亚热带作物为研究对象，开展种质资源与遗传育种、作物栽培、采后贮运与保鲜、农业资源高效利用与良好环境生态建设等基础、应用基础和共性关键技术研究。

建所以来，获奖国家奖8项，多项成果填补我国热作产业发展空白。选育的橡胶无性系抗寒品种“93-114”在1980年获农垦部科技成果一等奖、1982年获国家科技发明一等奖；“龙舌兰麻杂种第11648号引种试种技术改进和示范推广”在1985年获国家科技进步二等奖；“晚熟芒果生产关键技术研究与推广”获2008—2010年度全国农牧渔业丰收奖一等奖；“荔枝高产高效关键生产技术的集成与推广”获2010—2011年度中华农业科技科研类一等奖，2017年“川滇金沙江干热河谷晚熟芒果关键技术研究与应用”获中华农业科技进步一等奖等。

南亚热带作物研究所行政楼

农产品加工研究所

中国热带农业科学院农产品加工研究所位于广东省湛江市，创建于1954年，前身是华南热带林业科学研究所化工部，1964年更名为华南热带作物产品加工设计研究所，2002年10月更为现名。

1954年开始从事天然橡胶加工技术研究，目前我国95%的天然橡胶加工技术源自该所，是我国唯一掌握高性能特种天然橡胶加工核心技术的机构，先后获国家奖6项。1986年开始增设标准化研究方向，承建相关部委的标准平台2个，累计牵头制修订国际、国家、行业标准近200项，代表国家就国际标准表态130多次。1987年增设热带特色农产品加工研究方向，至今推广应用相关技术173项，相关成果获2010年国家科技进步二等奖。1991年增设农产品质量安全研究方向，承建“农业部食品质量监测中心（湛江）”、“三品一标”定点检测机构，2017年进入全国土壤污染状况详查检测实验室和国家农业科学实验站名录。2015年，增设“三农”垃圾资源化利用方向，服务美丽乡村建设。

科技创新中心沿街透视图

热带生物技术研究所

中国热带农业科学院热带生物技术研究所位于海南省海口市，创建于1988年6月，前身是热带生物技术国家重点实验室，于2002年10月更为现名，是专门从事热带生物技术研究的科研机构。主要围绕重要热带作物及特色生物资源，在种质与基因资源、功能基因与遗传改良、南繁育种与生物安全、生物资源次生代谢、微生物工程与农村环境生物治理、甘蔗产业技术、海洋生物资源等领域开展基础前沿研究和技术创新。

建所以来，取得省部级科技奖励62项，在香蕉、木薯、甘蔗、沉香等作物基因组与功能基因，抗逆与品质调控，黎药物质基础及成药机理，取得一批原创性成果，甘蔗脱毒种苗繁育、南繁生物安全保障、香蕉枯萎病绿色防控、黎药功能性产品、生物健康饲料等领域技术及产品等得到转化应用，为打造国家热带农业科学中心、建设“南繁硅谷”和服务热带地区乡村振兴提供了科技支撑。

热带生物技术研究所科研办公楼

环境与植物保护研究所

中国热带农业科学院环境与植物保护研究所位于海南省海口市，创建于1954年3月，前身是成立的华南热带林业科学研究所植物保护试验室，1979年2月更名为华南热带作物科学研究院植物保护研究所，2002年更为现名，是我国唯一从事热带农业环境与植物保护研究的国家级科研机构，主要开展热带作物病虫草害监测与绿色防控、农业环境监测与污染治理、生态循环农业等基础与应用基础及应用技术研究。

建所以来，在橡胶树白粉病、椰心叶甲、螺旋粉虱等热带农林重大病虫害和重要外来入侵生物的监测预警和控制技术、热带植物保护生防资源的创新利用等领域研究处于国际先进水平；在香蕉枯萎病等重大病原物致病性功能基因组学研究与应用、热带农业废弃物资源化利用等领域研究处于国内先进水平，为我国热带农业绿色发展、农业生态安全和热带农产品质量安全等提供了有力的科技支撑。

环境与植物保护研究所科研办公楼

椰子研究所

中国热带农业科学院椰子研究所位于海南省文昌市，创建于1979年9月，前身是华南热带作物科学研究院文昌椰子试验站，1994年7月更为现名，是我国唯一以热带油料和经济棕榈作物为主要研究对象的国家级科研机构。在椰子和槟榔树基因组学研究、高产早结矮化椰子新品种、高产槟榔和油茶新品种培育、健康种苗育繁推一体化及组培快繁、生态高效栽培与间作模式、椰心叶甲和红棕象甲等重大病虫害监测预警与防控、植物蛋白饮料和功能性油脂加工技术、全产业链质量控制与标准制定等方面取得新突破。

建所以来，取得包括国家科技进步二等奖、海南省科技进步特等奖、全国农牧渔业丰收一等奖在内的科研成果70余项。在热带油料和经济棕榈作物优良新品种选育、标准化栽培管理体系改进、产业关键瓶颈问题应急攻关、区域化示范推广等领域取了较好成效，为我国热带油料和经济棕榈作物产业升级和融合发展提供了强有力的科技支撑。

椰子研究所科研办公楼

农业机械研究所

中国热带农业科学院农业机械研究所位于广东省湛江市，创建于1959年2月，前身是广东省华南热带作物机械研究所，2002年10月更为现名。重点开展热带农业田间机械化装备、热带作物农产品初加工装备、热带农业废弃物资源化利用等基础性、前沿性和公益性科技创新工作。

建所以来，“W80C型挖穴机”在全国科学大会上荣获“优秀科技成果奖”、“特色热带作物产品加工关键技术研发集成及应用”荣获国家科学技术进步二等奖、“菠萝叶纤维提取与加工及叶渣利用技术研究”荣获中华农业科技奖二等奖。现有农业农村部热带作物农业装备重点实验室等各级科技平台和学术组织6个，是我国热带亚热带作物农业装备科技创新、人才培养、科技合作和成果转化的创新基地；研发的甘蔗、木薯、天然橡胶机械装备以及菠萝叶纤维系列产品在服务我国“乡村振兴”战略和“一带一路”倡议中发挥着重要的推动作用。

热带作物生产装备研发科研基地

科技信息研究所

中国热带农业科学院科技信息研究所位于海南省海口市，创建于1954年3月，前身是华南热带林业科学研究所资料室，1979年2月更名为华南热带作物科学研究院科技情报研究所，1994年7月更为现名，是我国唯一从事热带农业经济与农业信息化基础及应用基础研究为主的国家级科研机构。主要开展热带农业经济与发展、热带农业信息化、农业数据、国际农业和科技文献管理等领域的基础性、公益性和前瞻性研究，建有工程咨询与规划、知识传播与技术交流、文献分析、信息产品及应用、数据管理与利用等5个产业发展平台和现代农业新型智库、期刊出版与融媒体发展中心、文献分析与档案管理中心、数据管理与信息化服务中心、热农技术交流培训中心等5大支撑服务体系。

建所以来，先后承担国家、省、部级以上项目200余项，获中华农业科技奖二等奖1项、海南省科技进步二等奖1项、海南省科技进步三等奖3项。

科技信息研究所科研办公楼

分析测试中心

中国热带农业科学院分析测试中心位于海南省海口市，前身是创建于1979年9月的华南热带作物科学研究院测试和技术条件室，1994年7月更为现名，是以热带农产品质量安全为主要研究对象的国家级科研机构。针对我国热带农产品生产、贸易、消费以及管理方面的科技需求，重点开展热带农产品质量安全检验检测服务和热带农产品检测技术、农产品质量安全风险评估和营养品质评价、农药安全评价、热带农业产地环境控制技术、热带农业标准制修订等研究。

成立以来，取得了包括酸性土壤改良技术（获国家发明专利和农业农村部肥料登记）、检测技术（分子印迹和传感器检测技术）等一批重要成果。在农产品质量安全例行监测、专项监测、风险评估、技术培训、协助地方农检机构建设和农产品质量安全舆情应对等方面开展了大量卓有成效的支撑服务工作，为热带农产品质量安全提供了有力科技支撑。

分析测试中心科研办公楼

海口实验站

中国热带农业科学院海口实验站位于海南省海口市，创建于1956年10月，前身为华南热带作物科学研究所海口联络处，后更名为华南热带作物科学研究院、华南热带农业大学海口办事处，2002年10月更为现名，是以香蕉、芒果、菠萝、油梨、西番莲、火龙果、黄皮等为研究对象的国家级科研机构。

2008年以来，海口实验站坚持面向世界科技前沿、面向经济主战场、面向国家重大需求、面向人民生命健康，主要开展热带果树基础研究、应用基础研究和产业技术研发与应用，获科技成果奖励9项，其中中华农业科技奖2项、海南省科学技术奖一等奖3项；拥有省部级科技平台5个；国审品种1个。在热带果树的种质资源收集与评价、品种选育、高效栽培、果品营养与功能分析、采后保鲜、果实与副产物综合利用等方面取得了系列成果，社会经济效益显著，为推进美丽中国建设、农业供给侧结构性改革、脱贫攻坚和乡村振兴提供强有力的科技支撑。

海口实验站科研办公楼

湛江实验站

中国热带农业科学院湛江实验站位于广东省湛江市，创建于1979年，前身为华南热带作物科学研究院、华南热带农业大学湛江办事处，2002年10月更为现名。紧紧围绕热带旱作节水农业发展的需求，以甘蔗、玉米、木薯和橡胶树等为研究对象，开展旱作种质创新与抗旱新品种培育、旱作生理生态及节水技术、高效低耗生产技术研究，以及新品种新技术试验示范推广与科技服务。

建站以来，获省级奖励2项。其中，“橡胶树抗寒高效育种体系建立与应用”获2016年海南省科技进步二等奖，“甘蔗野生种质割手密资源鉴定评价及其抗旱基因挖掘”获2020年云南省科学技术三等奖。授权专利90余件；授权植物新品种权3件；获批省部级科技平台3个；承担科技项目100余项。积极助推地方精准扶贫，以新品种、新技术推广为带动，支撑地方农业发展，开展科技帮扶和科技援助工作，草畜循环一体化养殖产业扶贫模式2018年获湛江市特色种养扶贫十大典型案例。

湛江实验站科研办公楼

广州实验站

中国热带农业科学院广州实验站位于广东省广州市，创建于1958年3月，前身为华南亚热带作物科学研究所留穗办事处，后更名为华南热带作物科学研究院、华南热带农业大学广州办事处，2002年10月更为现名。重点开展都市农业研究及成果转化与推广相关工作。

目前，致力于打造服务粤港澳大湾区热带农业发展的科研平台，建设热带农业科技成果展示窗口，拓展热带农业科技成果的体验、观光、示范、休闲、培训、科普等功能，丰富华南地区热带农业产品供应，不断提升热带农业科技成果的影响力。承担国家现代农业产业技术体系、国家自然科学基金、国际合作、海南省自然基金等80余项。集成创新了精品西瓜、优质葡萄、食用木薯、香料饮料、观赏蔬菜、油梨、香芋等作物的绿色高效生产技术，在广东建立推广示范基地40多个，在优化地方农村产业结构，带动农民致富，助力乡村振兴等方面发挥了重要作用。

广州研究院规划设计图

图书在版编目（CIP）数据

中国热带农业科学院组织机构简史 / 崔鹏伟主编. —北京：中国农业出版社，2020.11
ISBN 978-7-109-27540-9

Ⅰ.①中… Ⅱ.①崔… Ⅲ.①热带-农业科学院-组织机构-历史-中国 Ⅳ.①S-242

中国版本图书馆CIP数据核字（2020）第208542号

中国农业出版社出版
地址：北京市朝阳区麦子店街18号楼
邮编：100125
责任编辑：王琦瑢
版式设计：王 晨　　责任校对：吴丽婷
印刷：中农印务有限公司
版次：2020年11月第1版
印次：2020年11月北京第1次印刷
发行：新华书店北京发行所
开本：787mm × 1092mm 1/16
印张：5
字数：120千字
定价：68.00元